Sora AI 视频创作基础与实战

余智鹏 ◎ 编著

人民邮电出版社

北 京

U0745682

图书在版编目（CIP）数据

Sora AI 视频创作基础与实战 / 余智鹏编著.

北京：人民邮电出版社, 2025. -- ISBN 978-7-115

-67431-9

I. TN948.4-39

中国国家版本馆 CIP 数据核字第 2025JK9380 号

内 容 提 要

本书系统地介绍 AI 视频生成大模型 Sora，内容涉及 AI 视频生成技术原理和 Sora 应用实践。本书通过翔实的技术分析和大量实际案例，为读者提供全面的知识体系。

本书共有 5 章，先介绍 AI 视频制作原理，再介绍 Sora 的基本情况，最后介绍 Sora 的操作方法与实践应用。本书内容涵盖 Sora 从注册到使用的操作方法、提示词结构的提炼方法，以及对于基础功能的分类讲解和演示，例如文本生成视频、图片和视频生成视频、视频融合、视频编辑、故事板和风格预设。

本书还介绍能与 Sora 在不同方面联用的 AI 工具，如语言类 AI 工具、图像类 AI 工具、视频类 AI 工具和音乐类 AI 工具，让读者对 Sora 的使用方法有所了解，并通过大量实战案例强化应用技能。

本书适合 AI 从业者、创意工作者、技术研究人员，以及对 AI 视频生成技术感兴趣的普通读者阅读参考。

◆ 编　著　余智鹏

责任编辑　孙振宇

责任印制　陈　犇

◆ 人民邮电出版社出版发行　　北京市丰台区成寿寺路 11 号

邮编　100164　电子邮件　315@ptpress.com.cn

网址　https://www.ptpress.com.cn

北京瑞禾彩色印刷有限公司印刷

◆ 开本：787×1092　1/16

印张：6　　　　　　　　　2025 年 8 月第 1 版

字数：180 千字　　　　　　2025 年 8 月北京第 1 次印刷

定价：59.80 元

读者服务热线：(010)81055410　印装质量热线：(010)81055316

反盗版热线：(010)81055315

前言

　　在AI技术发展日新月异的今天，我们正在经历视觉创作的革命。OpenAI的Sora大模型于2024年初问世，它不仅代表了技术上的突破，更预示着一个全新时代的开启。作为一名长期致力于AI与创意产业研究的创作者，我认为有必要通过本书，为读者揭示这项可能改变视频创作方式的技术。

　　本书旨在解析Sora的技术原理、应用场景及其对未来的深远影响。本书将深入探讨Sora如何将文字转化为栩栩如生的视频画面，探索它在电影制作、广告创意、教育和艺术创作等领域的革命性应用。同时，本书也将以谨慎的态度，探讨这项技术带来的机遇和挑战。

　　作为一本系统探讨Sora技术的图书，本书既面向AI从业者，也服务于对AI视频生成技术感兴趣的普通读者。书中既包含翔实的技术分析，也收录有大量实践案例。本书将以通俗易懂的语言，结合丰富的实例，帮助读者全面理解这项可能改变视频创作未来的技术。诚挚地希望本书能够成为读者了解AI视频生成技术的可靠向导，激发更多的创新思考。

　　最后，感谢在本书写作过程中给予我帮助的所有同仁。你们的专业见解和建设性意见让本书更加完善。同时，也感谢我的家人在写作期间给予的理解和支持。

　　让我们一起探索AI视频生成的未来。

编者

2025年7月

目录

目录

第 1 章

了解AI视频创作

1

人工智能（Artificial Intelligence，AI）使视频创作领域有了革新。在内容创作阶段，AI可以帮助生成创意。它能够通过分析大量的影视数据、热门话题，为创作者提供视频主题、情节和风格等方面的灵感。例如，根据用户输入的关键词（科幻、冒险、爱情等），AI可以生成简单的视频故事大纲。

1.1 视频创作发生了哪些变化

在深入学习利用Sora创作视频的细节之前，应该了解该领域的整体框架，因为只有掌握整体框架，才能避免在学习过程中偏离重要方向。在讨论利用AI创作视频时，重要的是理解AI视频创作和传统视频创作的本质区别，以及在新技术变革中，AI技术迎来了什么样的新发展。接下来的内容将主要围绕视频创作的各个环节阐述AI视频创作的发展方向。

1.1.1 AI视频创作与AI生成视频

AI视频创作指的是利用AI技术全流程地辅助视频创作。这一过程包括但不限于视频素材的生成、剪辑、特效添加、配音，以及字幕生成等多个环节。其中，AI生成视频即AI通过分析大量视频数据，学习不同的风格和技巧，并基于学习成果生成新的视频画面，其能与创作者协同工作，提高工作效率，增强创造力。

AI视频创作技术涉及多个领域，包括计算机视觉、自然语言处理、音频分析、内容生成大模型等。例如，计算机视觉技术使得AI能够识别视频中的物体和场景，自然语言处理技术使AI能够理解和生成文本内容，音频分析技术用于处理和合成声音，生成对抗网络（GAN）等则能够创造出崭新的视频内容。

随着技术的不断进步，AI在视频创作领域的应用变得日益广泛。它不仅能协助专业的视频创作者提高工作效率，还能使一般用户也能够轻松创作出具备专业水准的视频。AI视频创作，尤其是AI视频生成技术的崛起，不仅代表着技术的飞速发展，也开启了视频创作领域的全新篇章。

1.1.2 AI生成视频的新变化

作为OpenAI推出的新的文生视频大模型，Sora无疑已经成为当前热门的视频生成工具。Sora的运作方式类似于DALL·E，用户只需输入想要的场景，Sora就会生成高清视频片段。此外，Sora还能根据静态图像来扩展现有视频或填充缺失的帧。

相对于Runway Gen-2、Pika等其他文生视频工具，Sora取得了显著的突破。传统的文生视频工具通常只能支持生成十几秒的视频，而Sora支持同时生成4个20秒的视频，并能够灵活设置分辨率。Sora可让人物和背景元素跟随相机移动，在实现一镜到底的同时，保持主体元素和背景的一致性。Sora不仅能理解物理规律，还能模拟人类、动物等在现实世界中的行为特征，使生成的视频更具真实感。此外，Sora还支持多种视频合成技术，包括扩展视频、视频到视频编辑，以及无缝连接两个视频等，并能够根据图片生成视频。

尽管Sora展现了强大的能力，但其需要大规模高质量的训练数据和强大的算力支持。Sora采用基于Transformer架构的扩散模型，其与Runway Gen-2等其他产品在生成质量上的区别主要来自大规模高质量的训练数据。尽管目前公开的视频数据集，如Kinetics、HMDB51、Charades等的视频时长都相对较短，但OpenAI已经取得一批高质量的视频训练数据集，并在训练方法上实现了重大创新。

Sora或许已经为AI视频商业应用奠定了技术基础，AI视频商业应用可能不再是遥不可及的目标。Sora目前存在一些局限性，例如，无法准确模拟常见的物理运动过程、无法正确显示物体状态的变化，以及存在物体突然出现等问题。然而，笔者认为Sora所展示的效果，以及其支持定制视频参数等基础条件，为AI视频商业应用奠定了坚实的基础，使其有望广泛应用于影视、广告、短视频等多个领域。

1.1.3 AI生成视频技术的发展趋势

实时性能提升

随着硬件技术的进步,相信未来将会出现更先进的处理器和加速器,进一步提升AI生成视频的速度和性能。这将有助于辅助视频创作者高效地完成创作。

技术更加先进

未来,AI在生成视频时将依赖更加先进的技术,例如基于自注意力机制(Self-attention)和Transformer模型等的新技术,这将提高复杂场景和对象的生成准确性。

进一步融入各行各业的工作

AI将在各行各业的工作中发挥更大的作用,如直播、电商、主持等,视频生成类AI工具未来可能会大量替代人力。

放大和增强个性化

AI正在加速让各类媒介从"大众化"转变为"小众化",目标是真正实现一对一的互动。AI初创企业Synthesia的首席执行官维克多·里帕尔贝利(Victor Riparbelli)表示:"我们预测,在不远的将来,大众传播将越来越成为过去式。合成媒介和内容将创造新的、个性化的通信形式,而(传统的)媒体场景将被彻底改变。"

监管问题将受到重视

随着AI在日常生活中的参与度不断上升,一系列道德问题逐渐显现,因此未来对AI的监管会越来越严格,相关的版权问题也可能会越来越多。

1.2 为什么说视频创作从1.0迈向了2.0

无论是Sora还是其他AI工具,都促使视频创作发生变革,从之前的人工创作到如今的AI技术辅助创作,技术的持续发展正在为视频创作提供更多创意和帮助。在纯人工视频创作面前,AI视频工具的优势比较突出,甚至可以说,AI已经让视频创作进入2.0时代。

1.2.1 AI在视频创作领域的优势

随着互联网的全面普及和移动设备的普遍使用,视频已经成为人们获取信息和娱乐的首选。因此,如何制作和分发视频成为各大公司和机构争相研究和优化的焦点。这一趋势也会进一步推动相关行业向更广阔的发展前景迈进,相较于传统方式,AI在创作视频上的优势体现在以下几个方面。

在内容创新方面

AI会通过深度的分析来为创作者提供丰富的灵感,使创作者能够深刻地理解观众的需求和趋势。与此同时,在视频创意上,AI也给视频创作者带来较多的创作可能性,从而辅助创作出具有吸引力和前卫的视频内容。这不仅使得视频内容具备创意,也推动着整个视频产业不断进步。

在效率方面

AI技术的引入能大幅提高视频制作的效率。例如,通过自动完成剪辑、配音、制作特效等烦琐的任务,视频制作者能够将较多的精力集中在创意构思和故事表达上，极大地提升制作效率。这对于有大规模视频制作和发布需求的行业来说，是重要的技术进步。

在成本方面

用AI创作视频的成本在未来会越来越低廉，而随着技术的进步，AI生成的视频效果也会越来越好，越来越接近实拍效果。相对于大量的前期拍摄成本，AI生成视频的成本低到几乎可以忽略不计。

在定制服务方面

能提供个性化服务是AI技术的独特亮点。通过深度学习用户的喜好和行为模式，AI可以为每位用户提供定制化的视频体验。这种个性化服务不仅能提高用户的满意度，也能提升用户对视频平台的忠诚度。

1.2.2 AI视频创作和传统视频创作有什么不同

传统的视频创作过程通常包含多个关键阶段，每个阶段都发挥着重要的作用，以确保视频作品的质量和效果。

脚本和分镜：脚本和分镜是整个视频创作过程的基石。在这个阶段，创作者通过精心编写脚本和绘制分镜，明确视频的故事情节、镜头安排和角色动作，为整个创作过程提供清晰的指导。

前期制作：此时团队开始实际准备和组织制作。前期制作包括场地选择、演员与工作人员招募、摄影设备准备、服装和化妆设计等。这些准备工作为拍摄过程奠定了基础。

中期制作：实际的拍摄阶段。在这个阶段，摄制团队负责按照脚本和分镜进行实际的拍摄工作，导演引导演员进行表演，灯光和音响团队等负责创造理想的拍摄环境。

后期渲染合成：在这个阶段，后期制作团队利用拍摄的素材进行剪辑、修色、音效处理等工作，以创造出一个完整而流畅的视频作品。特效制作和合成工作也在此阶段完成，为视频增色添彩。

对于上述流程，AI大多或能参与或能替代，从而使整个创作过程更高效，并为创作提供更多的可能性。相较于传统的创作流程，AI主要在以下几个方面发挥作用。两者的宏观流程对比如图1-1所示。

脚本和分镜：AI通过对大量成功作品的深度学习分析，能够提供关于剧本创作和分镜设计的智能建议。借助深度学习技术对观众反馈的理解，AI不仅能辅助编写情节、调整情感张力，还能为创作者提供关键的创意与灵感。

视频制作：当前的AI技术能省去大量前期和中期制作阶段的烦琐工作，从而降低视频创作的成本。AI能够基于过往的视频数据生成大量优质画面，为视频创作提供高效的解决方案。

其他辅助：AI能够参与剪辑、配音等后期制作工作，为视频的呈现提供智能化的支持。

这一全程参与的AI创作模式不仅能提高效率，还能为创作者提供更为灵活的创作方式。

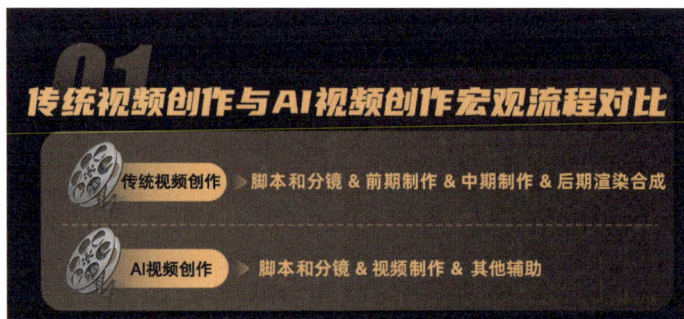

图1-1

1.3 AI视频创作标准流程

基于当前的技术水平，AI尚不能够完全满足电影制作的要求，特别是在需要情感感知能力的故事情节编写方面，AI似乎还处于"迷茫期"。这使得从事AI视频创作的编剧需要深刻理解故事创作的精髓，擅长创作故事的创作者在这个领域显得尤为珍贵。未来2~3年，拥有出色想象力和丰富故事创作技巧的创作者可能会变得越发重要。

不同于故事情节编写，AI在视频生成技术上取得了一些突破。AI生成的视频片段相较以往时长更长、效果更好，这意味着AI在技术方面已经取得了一些显著的进展。尽管AI在情感感知和故事情节编写等方面的能力还有待提高，但视频生成技术上的创新已经使得AI视频创作具有不错的前景。面对这一现状，视频创作者应该深入了解AI视频创作的流程，以及AI能够提供的解决方案。

1.3.1 从故事到视频

故事是视频的基础。在视频创作领域，打造引人入胜的故事情节往往需要巧妙组合多个元素。画面、镜头（景深）及声音等元素的合理组合，是打造一个高质量视频的前提，如图1-2所示。AI视频创作同样需要合理组合这3个关键元素，并以出色的方式表达故事情节。

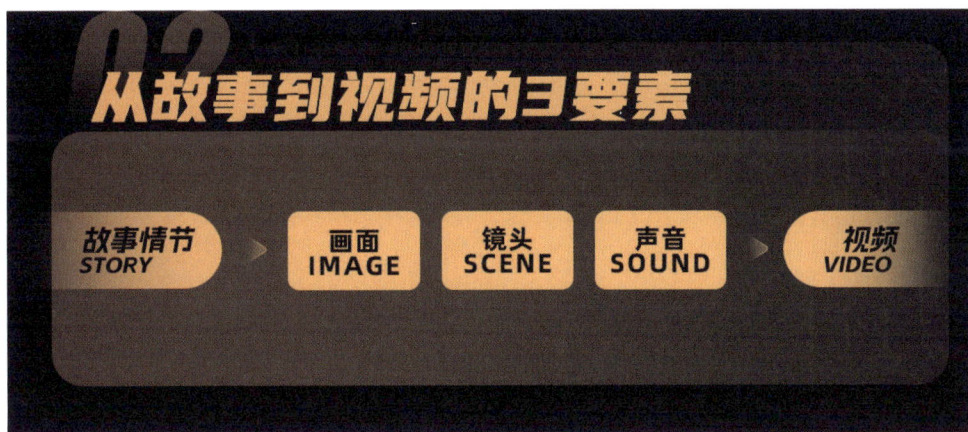

图1-2

画面在视频中扮演着至关重要的角色，是故事得以呈现的视觉载体。通过对色彩、场景等视觉元素的巧妙设计和精心安排，画面能够传达故事的情感、氛围等重要信息。因此，画面生成是一项关键的AI技术。

镜头和景深的运用是塑造影片风格和表达情感的关键。不同的镜头和景深能够营造出不同的视觉效果，极大地丰富了视觉表现手法。AI通过算法模拟实拍运镜，使得视频更加逼真。

声音作为视频的灵魂，能够为故事情节注入生命力。清晰的对白、精心挑选的音效和悦耳的音乐都能够加深观众对故事的理解并增强情感共鸣。AI通过语音合成、音频处理等技术手段，达到可与传统手段相媲美的音频效果。

1.3.2 AI视频创作标准流程拆解

AI视频创作标准流程有以下5个环节，如图1-3所示。

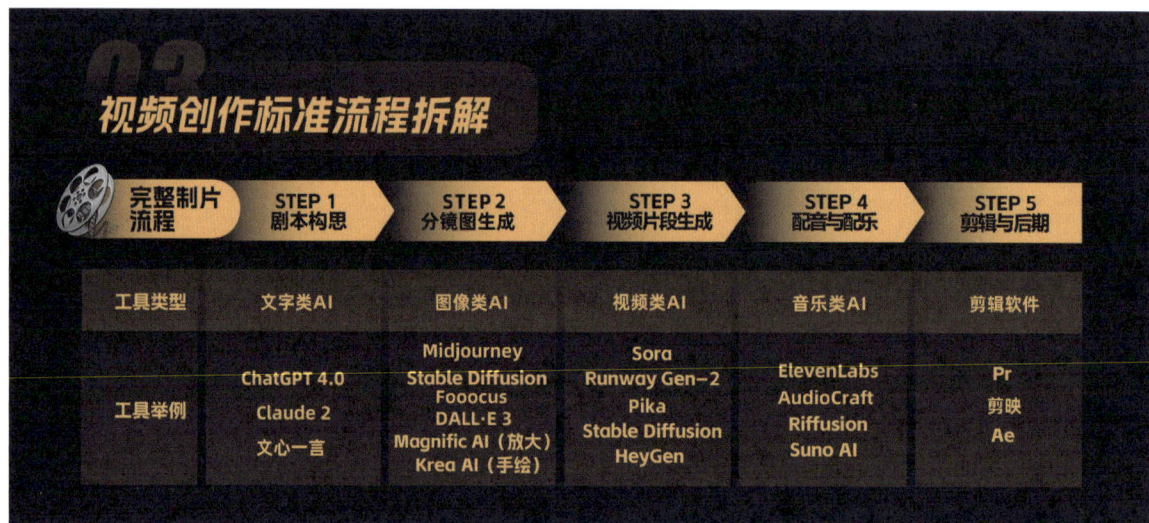

视频创作标准流程拆解

完整制片流程	STEP 1 剧本构思	STEP 2 分镜图生成	STEP 3 视频片段生成	STEP 4 配音与配乐	STEP 5 剪辑与后期
工具类型	文字类AI	图像类AI	视频类AI	音乐类AI	剪辑软件
工具举例	ChatGPT 4.0 Claude 2 文心一言	Midjourney Stable Diffusion Fooocus DALL·E 3 Magnific AI（放大） Krea AI（手绘）	Sora Runway Gen-2 Pika Stable Diffusion HeyGen	ElevenLabs AudioCraft Riffusion Suno AI	Pr 剪映 Ae

图1-3

剧本构思：一个引人入胜的故事或创意构思是制作优秀视频的基础，在视频剧本构思的过程中可以借助文字类AI工具来完成部分工作，如ChatGPT4.0、Claude2、Gemini等。

分镜图生成：将整个故事分解成分镜场景图，方便理解和生成视频。精心安排的分镜能够精确控制视频的节奏和流畅度，避免观众疲劳。同时，作为与团队和制作人沟通的工具，分镜通过清晰传达创作者的设想，能减少误解，确保团队能朝着共同目标努力。在使用AI创作分镜图的过程中，要借助图像类AI工具，在生成图片后，再人工挑选。在这一类工具中，Midjourney、Stable Diffusion、Magnific AI都是不错的选择。

视频片段生成：视频片段构成了视频作品。引入运动和变化，能够为视频内容赋予较强的视觉吸引力、情感表达力，同时提高整体水准。值得一提的是，Sora在视频生成阶段几乎击败了所有的AI视频生成工具。

配音与配乐：选择适当的配音和配乐，能够有效地增强视频的情感表达并营造氛围。配音和配乐应与视频内容相得益彰，而不是干扰观众。在配乐工作中，版权问题往往是视频创作者比较头疼的事，能免费且大量地生产优质音频就是音乐类AI工具的优势。

剪辑与后期：剪辑与后期制作可以使视频流畅、场景切换自然、效果引人注目。使用特效、过渡效果和颜色校正等手段，可以提升整体观感。AI目前在剪辑领域具有较大的优势，一方面AI剪辑视频可以简化审阅工作，另一方面AI能快速地匹配字幕和语音等。

总体而言，AI工具在视频创作的各个环节都能发挥关键作用，但值得注意的是，不同的AI工具适用于不同的环节，没有一个AI工具能够完美解决所有问题。因此，创作者需要具备多样化的技能，能灵活运用各种AI工具，甚至不断探索新的工具。此处提供的创作流程仅仅用于引导，目的在于启发读者，鼓励大家深入了解并使用各种AI工具，不断提升创作效率。在这个充满创新和可能性的领域，持续学习和发展自身技能，将是创作者在当今时代保持竞争力的关键所在。

第 **2** 章

Sora概述

2

Sora究竟有何独特之处？它又是如何"征服"
这些科技和金融界"大咖"的？本章将深入探讨
Sora的技术细节、应用场景，以及它在AI领域的创
新之处。以上分析能让读者理解Sora的价值所在，
以及它为何能够在如此短的时间内引起广泛的关注。

2.1 为什么说Sora比其他模型强

2023年,AI在文生图(文本到图像生成)、图生图(图像风格转换)等领域快速地崛起并发展,但由于训练生成视频的AI难度大,生成的视频质量比较低,AI始终没能充分进入视频领域。2024年,OpenAI推出了强大的文本生成视频模型Sora,可以说,其击败了大部分对手。这个模型可以通过简单的文字生成长达20秒的连贯视频,远超行业平均水平的4秒。

Sora不仅能生成视频,它还能深刻理解和模拟真实世界,生成逼真的内容。视频创作是展现多模态能力的方式之一,也是产出高价值内容的重要途径。因此,Sora的出现意义重大。

简单来说,OpenAI在视频生成模型的大规模训练方面取得了重大突破,Sora超越Runway、Pika等现有模型,是较为优秀的基于文本的扩散模型。

2.1.1 Sora的工作原理

根据官方给出的技术原理,大致可以把Sora的技术突破分为4个部分,分别是"把视觉数据转化为补丁""利用神经网络压缩视频""使用时空潜在补丁""将Transformer应用于视频生成"。

1.把视觉数据转换为补丁

将视觉数据转换为补丁(Patch)是一种处理和表示视觉信息的方法。在这种方法中,图像和视频帧被分割成小块或补丁,并作为模型输入基本单位。通过处理,模型能够学习如何有效地表示和重建视觉场景,实现在给定某些条件(例如通过文本描述)时,生成新的图像或视频内容。

类似于大语言模型中的词元(Token),补丁可以看作是视觉数据的基本处理单元。在训练过程中,不同类型的视频和图像被转换为补丁,并作为模型输入的基本单位。这一过程首先将视频压缩到低维的潜在空间,然后将其转换为补丁,并进一步分解为时空补丁(Spacetime Patches),如图2-1所示。

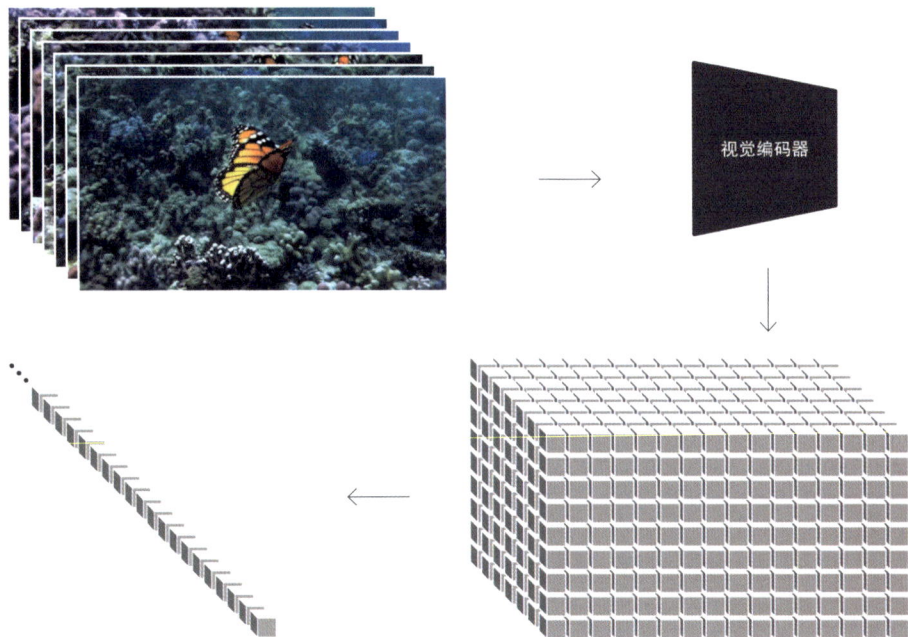

图2-1

2.利用神经网络压缩视频

研究人员训练了一个神经网络来降低视觉数据的维度，使得原始视频数据被转换成了更精简的表示方式。这个神经网络不仅能够保留视频的重要特征，还可以减少对计算资源的使用。

经过训练后，Sora得以理解和控制这种形式的数据，并生成新的视频数据，这些数据在时间和空间上都经过压缩。时间上的压缩意味着视频动态变化的信息量减少，空间上的压缩则意味着每一帧图像的信息量减少。

此外，研究人员还训练了一个解码器模型，其能将压缩的视频数据还原为可以直接观看的视频格式，用于将生成的视频数据转换为可观看的形式。

3.使用时空潜在补丁

在对视频数据进行压缩后，下一步是在压缩的视频中提取一系列的时空潜在补丁（Spacetime Latent Patches），这些补丁包含视频在特定时间和空间范围内的信息，类似于在自然语言处理中使用单词作为词元，这些补丁充当Transformer模型中词元的角色。

因为基本处理单元是补丁，所以Sora可以轻松应对不同尺寸的视频生成需求。通过使用不同分辨率、大小和宽高比的视频或图像作为训练数据集，Sora可以在生成新的视频内容时，将随机初始化的补丁排列在适当大小的网格中，从而控制生成视频的大小。这样的排列方式使Sora可以精确地控制生成视频的尺寸。

4.将Transformer应用于视频生成

Sora的底层架构是基于Transformer的扩散模型。在输入噪声补丁和文本提示等信息后，Sora能够预测出"干净"的补丁样本，如图2-2所示。Transformer在诸如大语言模型、计算机视觉和图像生成等多个领域都得到了广泛应用。

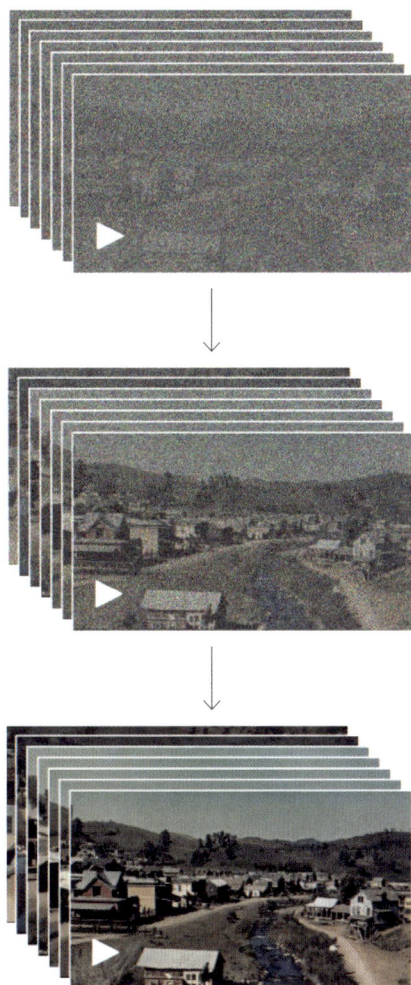

图2-2

Sora继承了Transformer依赖计算量的特点。在训练过程中，使用固定的种子和输入信息，随着训练计算量的增加，生成样本的质量明显提高，如图2-3所示。

基准计算量

4倍计算量

32倍计算量

图2-3

2.1.2 Sora的优势

相较于其他模型，Sora不仅在生成技术上有所优化，在剪辑和智能理解上也有所提高。

1.生成内容优化

在以往，通常需要将用于训练的图形和视频统一成标准的尺寸，例如，分辨率为256px×256px、长度为4秒的视频。研究发现，使用原始分辨率大小的数据进行训练，能够使模型灵活采样，并改进构图和取景效果。

采样灵活性

Sora可以采样宽屏（1920px×1080px）视频、竖屏（1080px×1920px）视频，以及尺寸介于两者之间的所有视频。这使得Sora可以创作出与原视频分辨率不同的视频，如图2-4所示。

图2-4

改进的构图和取景

以原始分辨率对视频进行训练可以改善构图和取景，这是训练Sora时的常见做法。相较于Sora，其他模型有时会生成主体仅部分可见的视频，而Sora的视频取景更完整，如图2-5所示。

图2-5

2.输入信息更灵活

更强的语言理解能力

训练文本生成视频系统需要大量带有对应文本标注的视频。类似于DALL·E 3的重新标注技术，研究人员训练了一个专门的模型，该模型能够获得视频中的场景、动作、物体等元素，并生成准确描述这些元素的文本标注。使用它为训练集中的所有视频生成文本说明，将提高生成视频的整体质量。类似于DALL·E 3，Sora也利用ChatGPT将简短的用户提示转换成较长的详细说明，从而准确生成遵循用户提示的高质量视频。

使用图像和视频作为输入生成视频

　　除了文字，Sora也可以通过图像或视频生成新的视频，如图2-6和图2-7所示。因此，Sora能和图像类AI工具配合使用，从而提高生成视频的效率，并优化生成结果。

In an ornate, historical hall, a massive tidal wave peaks and begins to crash. Two surfers, seizing the moment, skillfully navigate the face of the wave.

图2-6

图2-7

3.用途丰富

扩展生成的视频

　　Sora还能在时间维度上向前或向后扩展视频。例如，下面的几个视频都是根据生成的视频片段在时间上向前延伸的。因此，尽管这几个视频的开头都不同，如图2-8所示，但结尾都是相同的，如图2-9所示。

视频开头

00:01 ━━━━━━━●━━━━━━━━━━━━━━━━━━━━━━━ 00:20

‖

图2-8

视频结尾

00:10 ━━━━━━━━━━━━━━━━━━━━●━━━━━━━ 00:20

‖

图2-9

视频到视频编辑

扩散模型为基于文本编辑图片和视频提供了诸多可行方法，SDEdit便是其中一种方法。将SDEdit应用到Sora上时，其能够在零样本的情况下转换输入视频的风格和环境，如图2-10所示。

输入视频

将场景转变为茂盛的丛林

图2-10

连接视频

可以使用Sora在两个输入视频之间插入衔接视频，从而实现主题和场景不同的视频之间的无缝过渡。例如在左、右两边的视频之间插入衔接视频，如图2-11所示。

图2-11

4.模拟现实的能力

3D一致性

Sora可以生成模拟运镜效果的视频。随着视角的移动和旋转，人物和场景元素会在3D（三维）空间中合理地进行相应的移动，如图2-12所示。

图2-12

长程连贯性和对象永恒性

Sora通常能够有效地模拟短期和长期的依赖关系。例如，Sora可以在人物、动物和物体等被遮挡或离开画面时仍然保持其持久性，就像它们是真实存在的一样。同样，Sora可以一次生成同一物体的多个镜头，并在整个视频中保持物体的外观不变。

与外界进行交互

Sora可以模拟一些影响外部物体状态的动作。例如，一个画家在画布上画画，或者吃汉堡并留下咬痕，如图2-13所示。

图2-13

图2-13（续）

模拟数字世界

Sora还能够模拟数字世界，如视频游戏。Sora可以使用基本策略控制游戏《我的世界》中的角色，并以高保真度动态地呈现数字世界，如图2-14所示。这些能力可以通过提示词"Minecraft"来进行零样本激发。

图2-14

2.1.3 Sora的不足

在编写本书时，Sora还存在一些不足。如果读者在使用Sora的时候，这些问题已经被解决，可以跳过这部分内容。

不能准确地模拟基本交互事件的物理特性

Sora并不能总是正确处理物体的状态变化，例如玻璃破碎，如图2-15所示。

图2-15

混淆空间细节，难以精确描述随时间推移发生的事件

如图2-16所示，这几只小狗跑着跑着，又凭空出现一只小狗。

图2-16

2.2 如何注册Sora账号

OpenAI于2024年发布的Sora是一个革命性的AI视频生成工具，它作为OpenAI产品矩阵中的重要一员，与ChatGPT等其他产品形成了完整的AI创作生态。虽然Sora拥有独立的操作界面和功能体系，但它使用OpenAI的统一账号体系，这意味着如果已经是ChatGPT的用户，可以直接使用现有账号使用Sora的服务。

2.2.1 登录与注册

因为Sora使用OpenAI的统一账号体系，所以想使用Sora，需要注册一个OpenAI的用户账号。

01 在浏览器中搜索OpenAI的官网并进入，找到Sora字样，并选择"Learn more"，可以进入图2-17所示的界面。

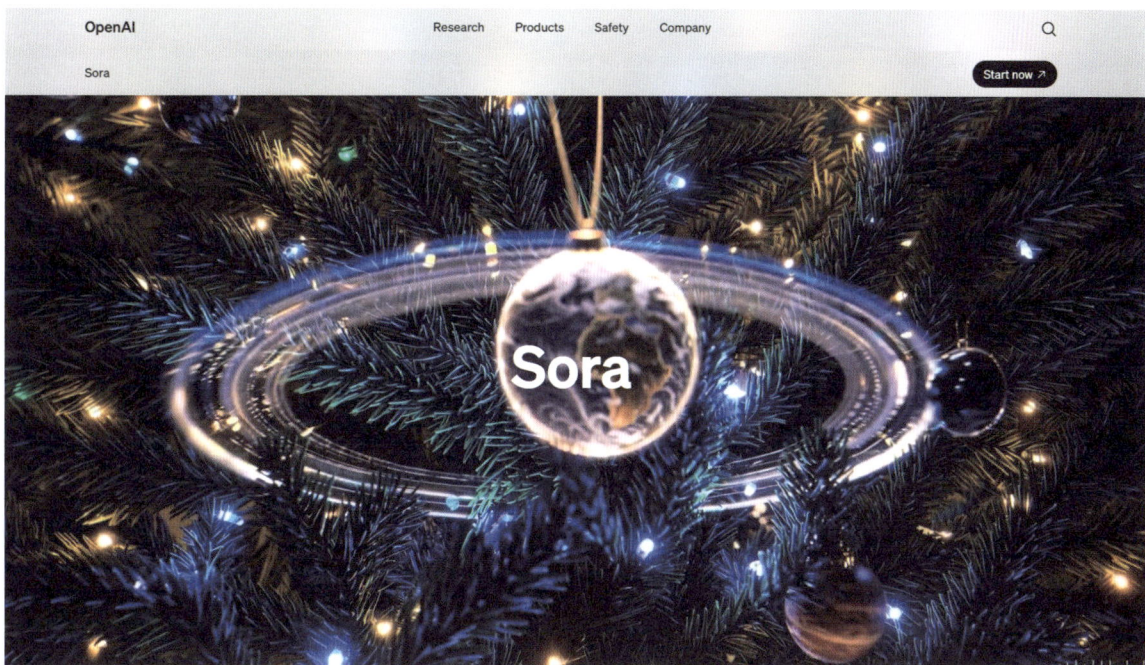

图2-17

02 单击"Start now"（立即开始）![Start now]，进入Sora的主界面，如图2-18所示。单击右上角的"Log in"（登录）![Log in]，进入登录页面，登录账号以使用。

图2-18

03 登录界面如图2-19所示。若没有OpenAI账号，可以使用谷歌邮箱或微软邮箱登录，也可以注册一个OpenAI账号。单击蓝色的"注册"，将进入注册界面。

图2-19

04 在注册界面输入邮箱地址，OpenAI会给邮箱发一段验证码，将验证码输入"代码"框、单击"继续"按钮后输入基础信息，即可完成注册，如图2-20所示。

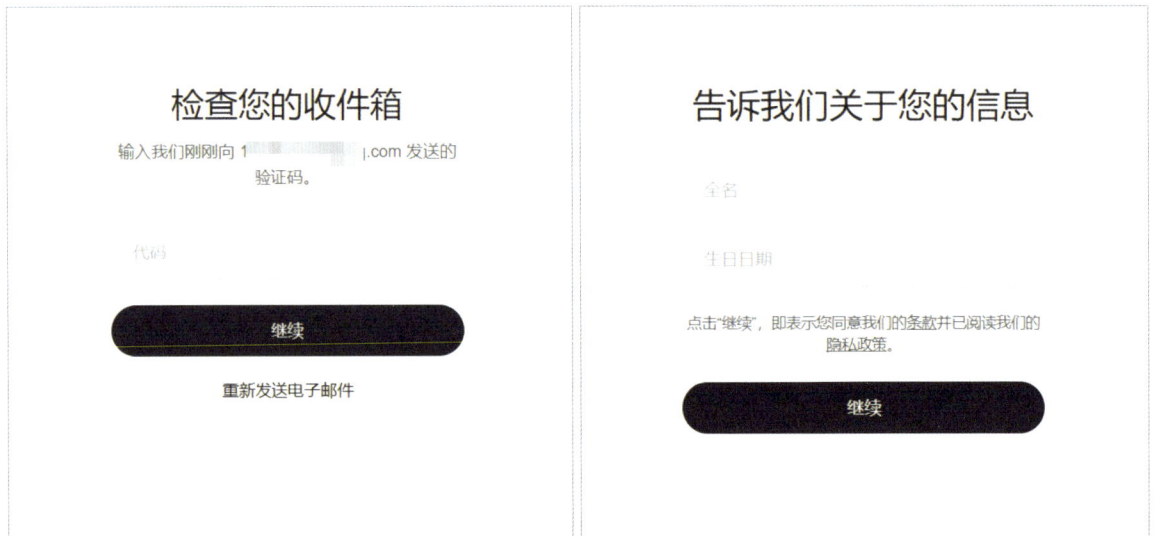

图2-20

05 目前，要想使用Sora，则需要开通ChatGPT的会员。本书写作时，会员分为ChatGPT Plus（简称Plus）和 ChatGPT Pro（简称Pro）。Plus会员费用为每个月20美元，可以生成50个分辨率为720p、时长为5秒的视频；而 Pro会员费用为每个月200美元，可以生成500个分辨率为1080p、时长为20秒的视频，并且可以同时并行生成5 个视频，还能去掉下载视频的水印，如图2-21所示。

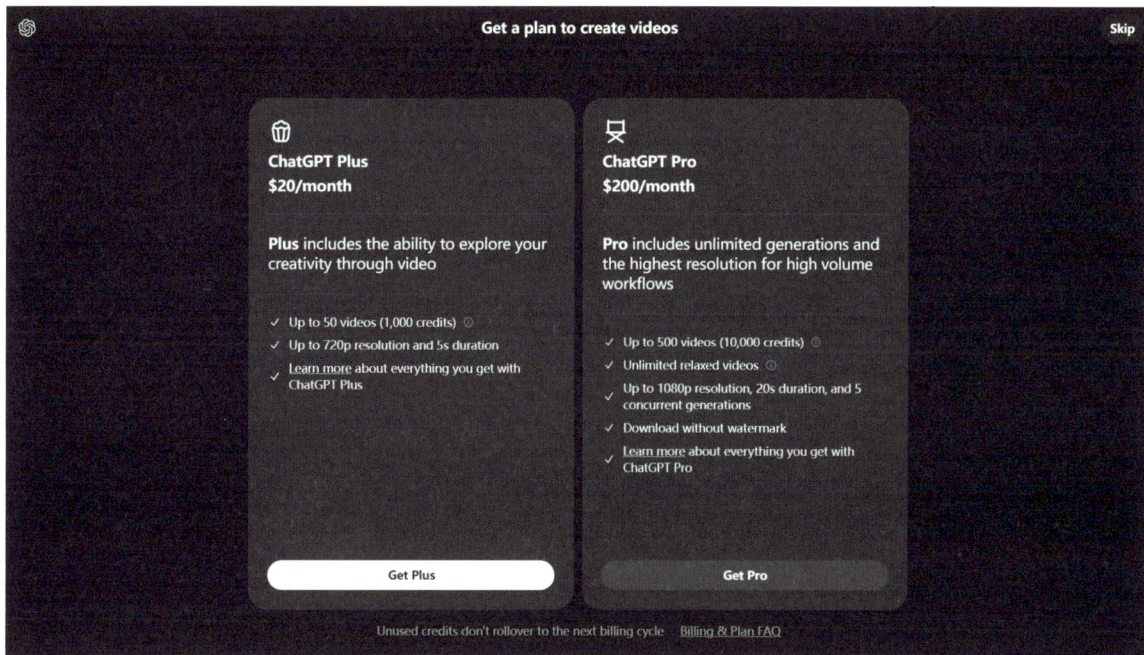

图2-21

2.2.2 Sora用户界面介绍

Sora的界面（见图2-22）是完全独立于ChatGPT的，生成视频的过程和与ChatGPT对话类似，即基于自然 语言生成内容。

图2-22

界面组成介绍

①导航栏:这个区域分为两个板块,上方的是Sora生成视频的社区,用户可以通过这个板块来获取不错的提示词灵感,下方的板块用于存放收集的提示词和生成的视频。

②提示词区:这个区域主要用于输入提示词,以及对生成视频的时间、质量、比例进行设置。

③设置区:这个区域包含调整界面布局、筛选历史视频的按钮,也包含通知、用户详情等内容。

④视频区:所有生成的视频都会存放在这里,之前生成的视频及提示词,都可以在这个区域找到。

2.2.3 Sora视频生成初体验

注册好Sora的账号以后,就可以尝试创作视频了。

在提示词区输入提示词,然后单击 ⬆ 按钮,就能得到第1个AI视频片段了,例如输入意为"等待食物的金毛小狗"的英文提示词,生成结果如图2-23所示。当然,AI视频创作并不是这么简单,后面会详细介绍其相关技能。

golden retriever puppy waiting for food

图2-23

第 **3** 章

Sora的操作
技巧与功能

相较于其他AI视频工具，Sora凭借直观的用户界面和流畅的生成流程，更贴合专业视频制作的实际需求。本章将系统地探讨Sora的核心功能，包括文本生成视频（Text-to-Video）、图像生成视频（Image-to-Video），以及视频编辑等。

3.1 提示词的编写技巧

在Sora正式上线后，OpenAI暂未发布官方的提示词编写指南。对于依靠文本生成视频的AI工具，提示词的编写技巧和质量直接决定生成视频的呈现效果。因此，本节将分享一些行之有效的Sora提示词的编写技巧。

3.1.1 提示词的结构框架

在视频创作中，准确传达核心内容是关键。传统视频制作需要调配灯光、摄影机位、场景布置、演员表演等诸多元素，而在使用AI辅助创作时，这些创作元素都转化为提示词。以创作《龟兔赛跑》为例，只需要在提示词中描述"乌龟""兔子"的角色特征、"森林"的场景环境，以及"自然光"的光线效果，Sora便能生成符合创作意图的视频内容。

为了帮助读者系统地掌握提示词的编写方法，笔者将提示词分为5个核心类别，如表3-1所示。当难以直接描述脑海中的创意时，就可以通过这5个类别逐步构建，从而形成一段完整且精确的提示词。

表3-1

提示词核心类别	说明
场景	时间（早晨/黄昏/夜晚）、地点（室内/室外/具体场所）、环境（天气/光线/氛围）
主体	人物/物体的具体特征、数量和位置关系、外观、服饰、状态
动作	起始状态、动作过程、结束状态、动作速度和节奏
风格	摄影风格、色彩倾向、艺术效果、特定滤镜或效果
技术	镜头运动、视角选择、转场效果、特殊要求

提示词结构

场景（详细的环境描述）＋主体（具体的主体特征）＋动作（完整的动作流程）＋风格（视觉风格要求）＋技术（镜头和效果要求）

提示词例句

（场景）清晨的山间森林，薄雾弥漫，阳光透过树叶形成斑驳光影。（主体）一只优雅的红狐狸，毛发光亮、身形矫健。（动作）狐狸小心翼翼地穿梭在树林间，偶尔停下嗅闻，而后在一块岩石上驻足观望。（风格）自然纪录片风格，画面清晰自然，突出生态环境的原始美。（技术）使用平稳的跟随镜头，适时切换特写，保持画面稳定流畅。

因为Sora适用的语言是英文，所以可以把这段内容翻译成英文，以优化生成效果。注意，**Sora有一套自己的智能计算系统，如果有部分语法错误或者口语化内容，它都能识别，甚至有时为了方便Sora理解，需要使用语法不正确的提示词。因此，为了获得更理想的生成结果，不用严格遵循英语语法和标点符号使用规则。**

In a misty mountain forest at dawn, dappled sunlight filters through the leaves, casting mottled shadows. An elegant red fox, with its lustrous fur and graceful form, moves through the scene. The fox cautiously weaves between the trees, occasionally pausing to sniff the air, finally stopping to observe from atop a rock. Shot in a nature documentary style with crisp, natural cinematography that emphasizes the raw beauty of the ecosystem. Use smooth tracking shots with well-timed close-ups, maintaining stable and fluid camera movement.

将这段提示词提供给Sora，就能获得一个不错的AI视频片段，如图3-1所示。

图3-1

3.1.2 提示词的编写原则

只掌握提示词的基本框架还不足以确保能生成理想的视频。通过大量实践测试可以发现，提示词的编写细节（特别是场景描述的层次顺序和动作描述的表达方式）对生成的画面质量有着决定性的影响。表3-2中有3个经过验证的提示词编写原则。

表3-2

编写原则	说明
逻辑性原则	①场景描述从大到小；②动作描述从前到后；③风格要求前后一致
细节性原则	①使用具体而非抽象的描述；②添加环境细节增加真实感；③注意人物/物体的特征描述
可执行性原则	①避免过于复杂的场景转换；②控制画面元素的数量；③保持动作连贯性和合理性

逻辑性原则：强调描述时要遵循合理的空间和时间顺序。

细节性原则：要求在描述时要具体而非抽象。

可执行性原则：这是确保生成结果符合预期的关键。

遵循提示词编写原则，通常能够确保Sora生成高质量的视频。然而，在实际使用过程中，仍可能遇到一些细节问题。基于大量实践经验，笔者总结了以下3个较为常见的问题及有效的解决方案。

①当创意场景过于复杂时，较佳的方案是将其拆分为几个简单的场景逐步描述。

②如果遇到动作描述不够清晰的情况，可以通过使用具体的动词和增加动作细节描述来优化。

③对于画面风格前后矛盾的问题，需要仔细审查提示词，确保整体风格描述的一致性。

掌握这些解决方案，能够应对Sora使用过程中的大部分挑战。表3-3为提示词检查清单示例。

表3-3

检查结果	检查项目
☐	场景描述是否完整
☐	主体特征是否清晰
☐	动作流程是否合理
☐	风格要求是否统一
☐	技术要求是否可行

3.2 基础功能

Sora的界面简洁直观，主要围绕创作和社区两大核心功能，如图3-2所示。

图3-2

左侧导航栏分为"Explore"（探索）和"Library"（资源库）板块。在"Explore"板块中，单击"Recent"（近期），界面会展示社区分享的创作内容（图3-2），其中包括来自全球创作者的提示词和视频作品，单击某个作品，界面如图3-3所示。

图3-3

当遇到喜欢的作品或者富有启发的提示词时，只需在作品列表中单击视频右下角的▇按钮，即可将其保存到"Saved"（已保存）页面，方便日后参考和使用，如图3-4所示。

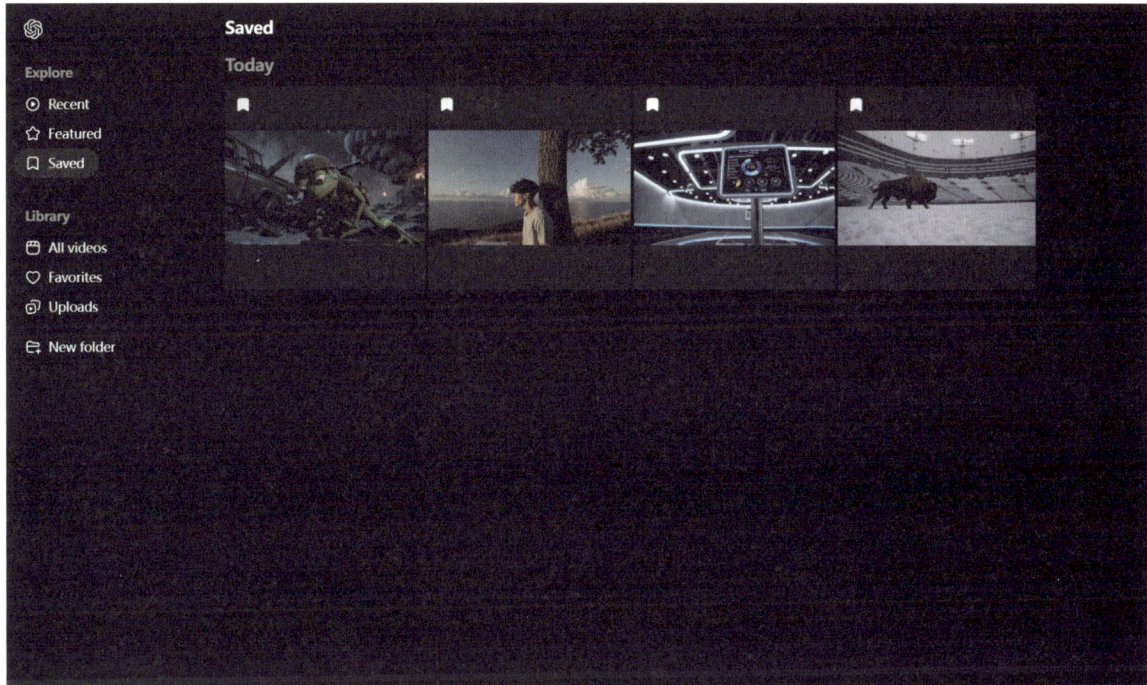

图3-4

为了帮助创作者获得优质的灵感，Sora特别设立了"Featured"（精选）页面，如图3-5所示。这里汇集了平台精心挑选的优秀作品和创新提示词，不仅展示了平台的创作标杆，也为创作者提供了清晰的创作方向和参考标准，是提升创作水平的宝贵资源。

图3-5

单击"Library"板块中的"All videos"（所有视频），打开的界面中汇集了用户的创作历史，如图3-6所示。在这里可以查看、管理和复用之前生成的所有视频作品。值得一提的是，当将鼠标指针悬停在视频缩略图上并左右移动时，可以快速预览视频内容，无须打开完整视频便能回顾创作成果。同时，每个视频都保留了原始的提示词和参数设置，方便用户随时参考和优化创作方案。

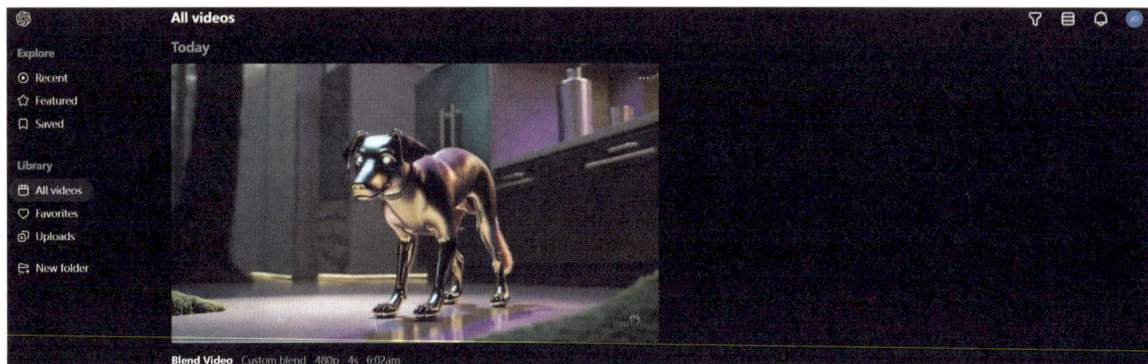

图3-6

"Favorites"（最爱的）和Saved类似，区别在于这里收藏的是较为满意的自己的作品。"Uploads"（上传）页面存储了所有上传的素材，包括参考图片和视频。单击"New folder"（新建文件）可以创建文件夹，主要用来整理项目文件，方便对项目生成的视频进行整理和归纳。

3.2.1 文本生成视频

在Sora的主界面中，会看到一个醒目的提示词文本框，如图3-7所示。这个文本框就是用户与Sora交互的核心接口，在这里输入精心构思的提示词，Sora就会根据描述生成相应的视频内容。

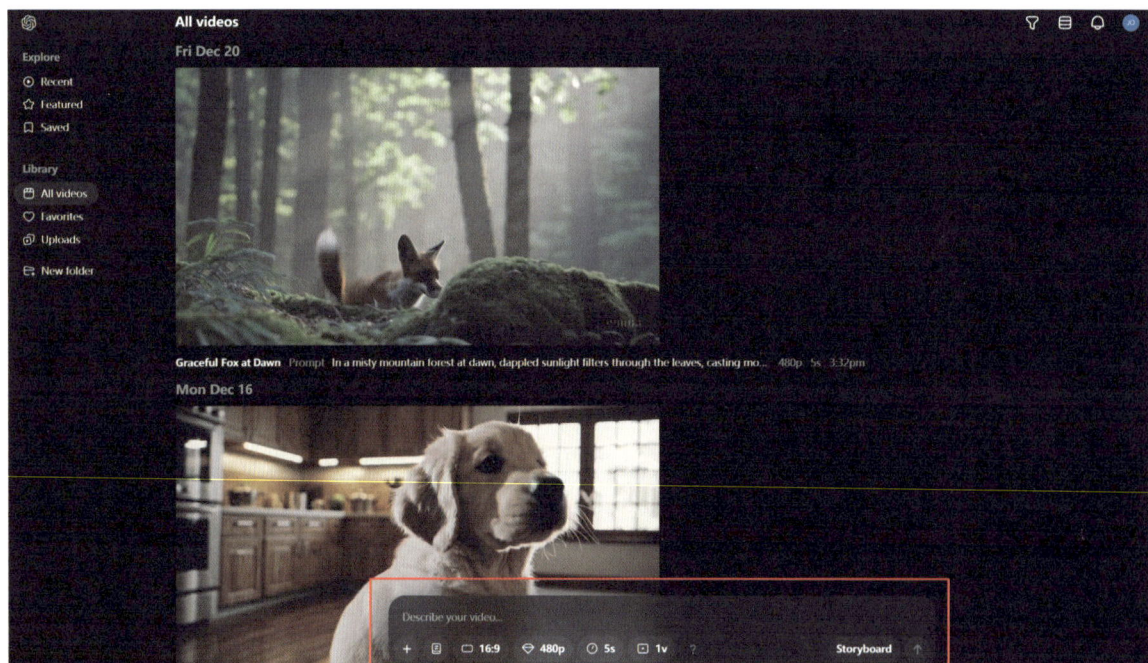

图3-7

在提示词文本框的下方会看到一排控制按钮，这些按钮用于精确调整生成视频的关键参数，如图3-8所示。

参考资料上传　　　视频比例设置　　　　生成视频时长　　　　帮助　　　　　　　　　故事板

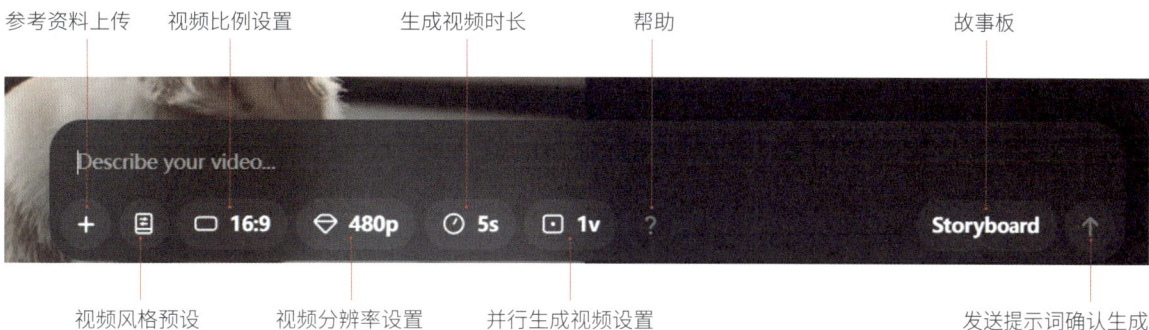

视频风格预设　　　视频分辨率设置　　　并行生成视频设置　　　　　发送提示词确认生成

图3-8

基础设置中包含4个核心功能，即视频比例设置、视频分辨率设置、生成视频时长，以及并行生成视频设置。下面主要介绍视频比例设置和视频分辨率设置，其他两个功能比较简单，直接根据需求操作即可。

1.视频比例设置

目前，Sora提供了3种标准的视频比例预设选项，如图3-9所示，分别是16：9、1：1和9：16，分别对应不同的应用场景和媒介平台。16：9的宽屏比例常用于专业影视创作，例如电影和纪录片等横屏内容的制作；1：1的方形比例在电商平台中广受欢迎；9：16的竖屏比例主要应用于短视频平台和移动设备内容创作。因此，在创作之前，需要根据目标平台和内容类型，选择较为适合的视频比例，以确保作品能够获得较佳的展示效果。

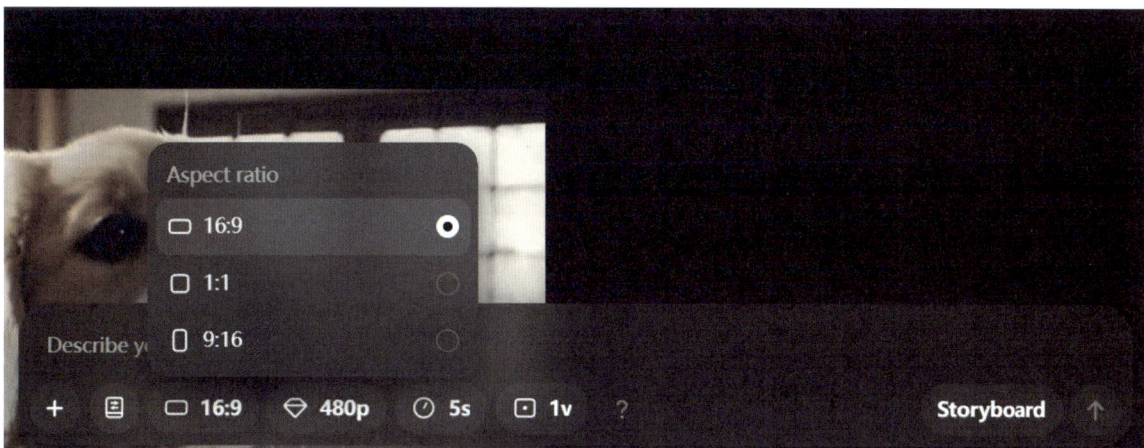

图3-9

2.视频分辨率设置

在视频制作中，分辨率是决定画面质量的重要参数。Sora目前支持3种主流分辨率，分别是1080p（1920px×1080px）、720p（1280px×720px）和480p（854px×480px），如图3-10所示。1080p属于Full HD（全高清）标准，能呈现丰富的画面细节，是当前视频制作的主流选择（目前只有Plus会员能使用）；720p为HD（高清）标准，在画质和文件大小之间取得了很好的平衡；480p是SD（标清）标准，虽然画质相对较低，但文件体积小，适合网络条件受限的场景。选择分辨率时，需要综合考虑创作需求、播放平台要求，以及网络传输条件等。

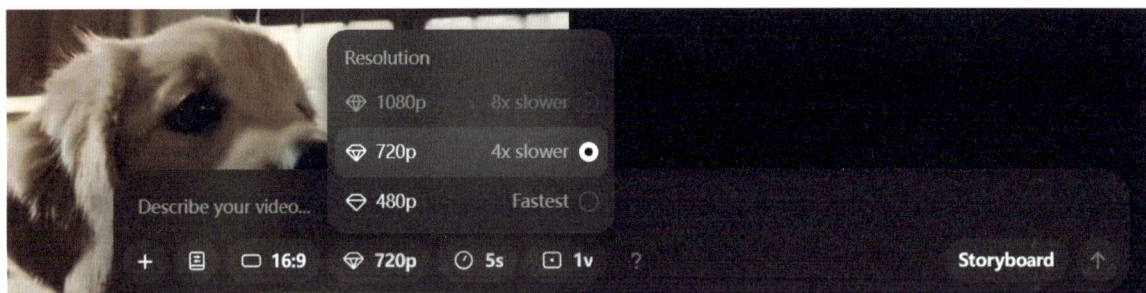

图3-10

Sora当前可以生成5~20秒时长的视频，用户在使用的过程中可以按照需求来进行相应的设置。

3.2.2 图片和视频生成视频

Sora不仅支持文本生成视频，还提供了基于图片和视频的视频生成功能，大大拓展了创作的可能性。这种多模态输入方式使创作者能够利用现有素材进行精准的视觉引导，无论是通过关键帧图片定义场景风格，还是使用参考视频指导动作和镜头语言，都能让创作过程变得可控。

特别是当与Midjourney、DALL·E等AI绘图工具结合使用时，创作者可以先生成理想的场景概念图或关键视觉元素，然后通过Sora将其转化为动态影像。

01 单击"参考资料上传"按钮 ➕，可以看到有2个选项，分别是"Upload image or video"（上传图片或视频）和"Choose from library"（从资源库中选择），如图3-11所示。

图3-11

02 如果首次使用上传频功能，Sora会弹出"Media upload agreement"（媒体上传安全协议）对话框，这个协议主要是让用户承诺上传内容的安全性和合规性达到要求，以及遵守Sora的社区规定。全部勾选，然后单击"Accept"（接受） Accept 按钮，如图3-12所示，就可以在本地上传图片了。

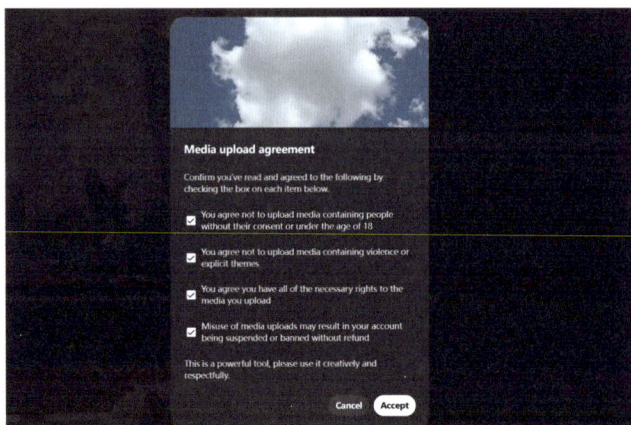

图3-12

03 选择图片并上传到Sora，添加提示词，就可以使用图片生成视频了，如图3-13所示。

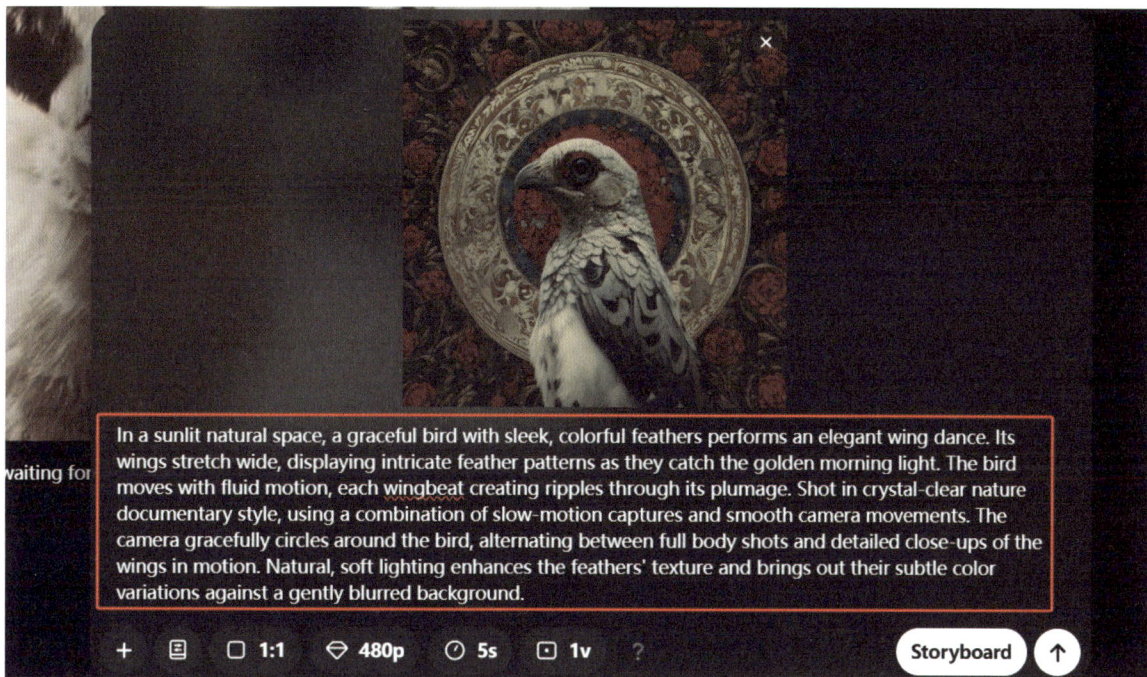

图3-13

3.2.3 视频编辑

当选择一个视频后，会看到4个按钮（对应4个功能），分别是"Re-cut"（重剪辑） **Re-cut** 、"Remix"（重混） **Remix** 、"Blend"（混合） **Blend** 和"Loop"（循环） **Loop** ，如图3-14所示。

图3-14

1.Re-cut

单击"Re-cut"按钮，打开的页面包含3个区域，如图3-15所示。在区域①中可以对当前视频的参数进行设置，例如对视频的宽高比例或者分辨率等进行设置；区域②主要是用来编辑和剪辑视频的，拖曳滑块就可以对当前的视频进行剪辑；区域③则主要是对视频片段进行操作的区域，可以预览视频或者编辑故事板，故事板的内容会在3.2.4小节中提到。

图3-15

2.Remix

"Remix"功能用于基于现有视频生成全新的创意作品。例如，将一段有关金毛犬的视频作为参考，输入提示词"Mechanical dog, cyberpunk style"（机械犬，赛博朋克风格），Sora就会生成一段赛博朋克风格的机械犬视频，如图3-16所示。这个功能为生成创意视频提供了无限可能。

图3-16

3.Blend

　　"Blend"功能用于将两段视频无缝融合。调节混合曲线和滑块,可以精确控制两段视频的融合程度,创造出独特的过渡效果,如图3-17所示。

图3-17

4.Loop

利用"Loop"功能可以把当前的视频处理为头尾帧循环的效果。另外,Sora还提供了3种头尾帧循环的模式,用户可以根据需求选择,如图3-18所示。

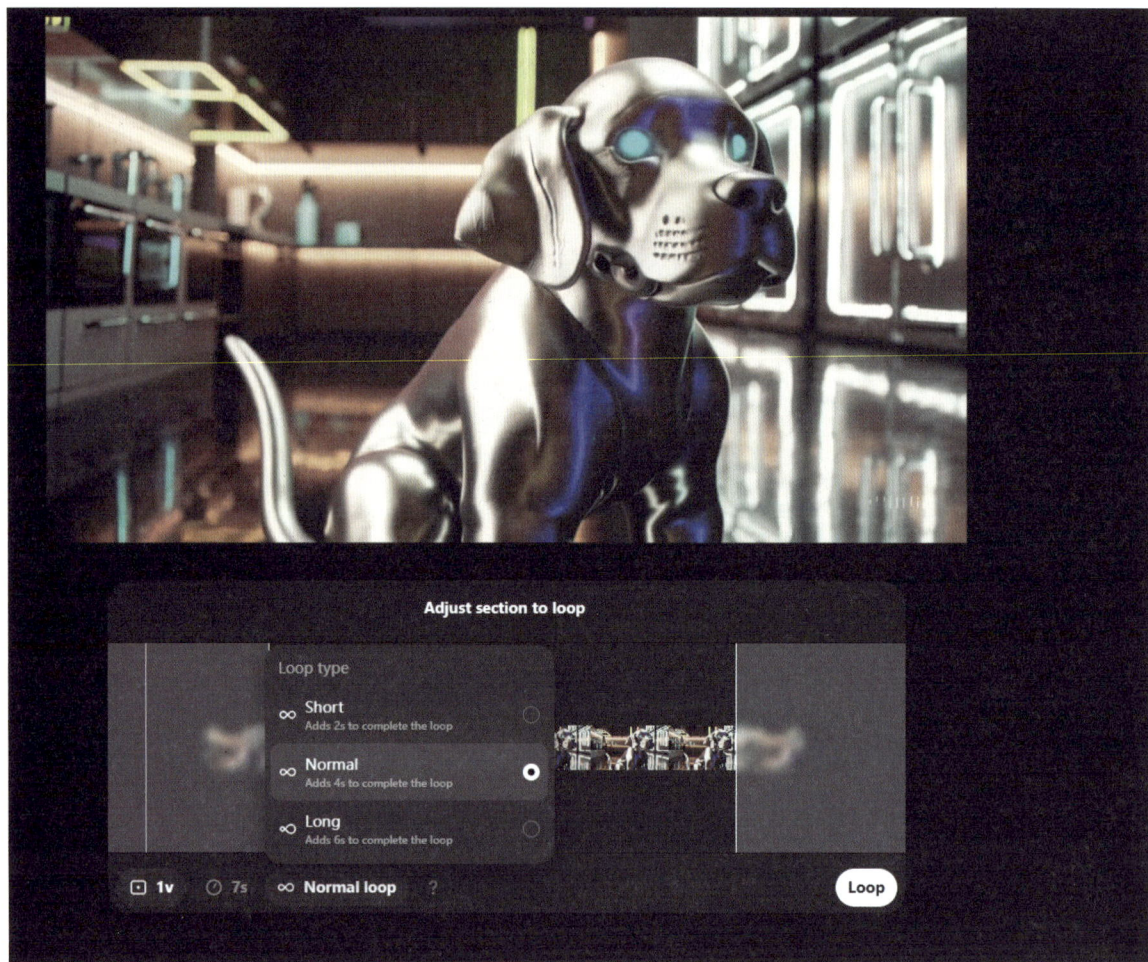

图3-18

3.2.4 故事板

Sora的故事板一般用于视频生产,其功能入口如图3-19所示。导演如果想拍摄一部电影,通常会采用手绘的方式来绘制电影的故事板,帮助串联关键故事情节和指导拍摄,Sora的故事板功能也有类似的作用。与传统故事板不同,Sora的故事板是通过提示词实现的。

图3-19

Sora的故事板界面如图3-20所示。在区域③中可以填写提示词，当填好主要的提示词后，可以单击出现的 按钮来对当前的提示词进行补全和优化；在区域②中可以单击以添加新的故事板，两个故事板的距离越近，Sora就越倾向于使用生硬的转场，如果两个故事板离得较远，转场会变得丝滑；区域①是用于对视频进行基础设置的区域，可以对视频的基础参数进行设置。

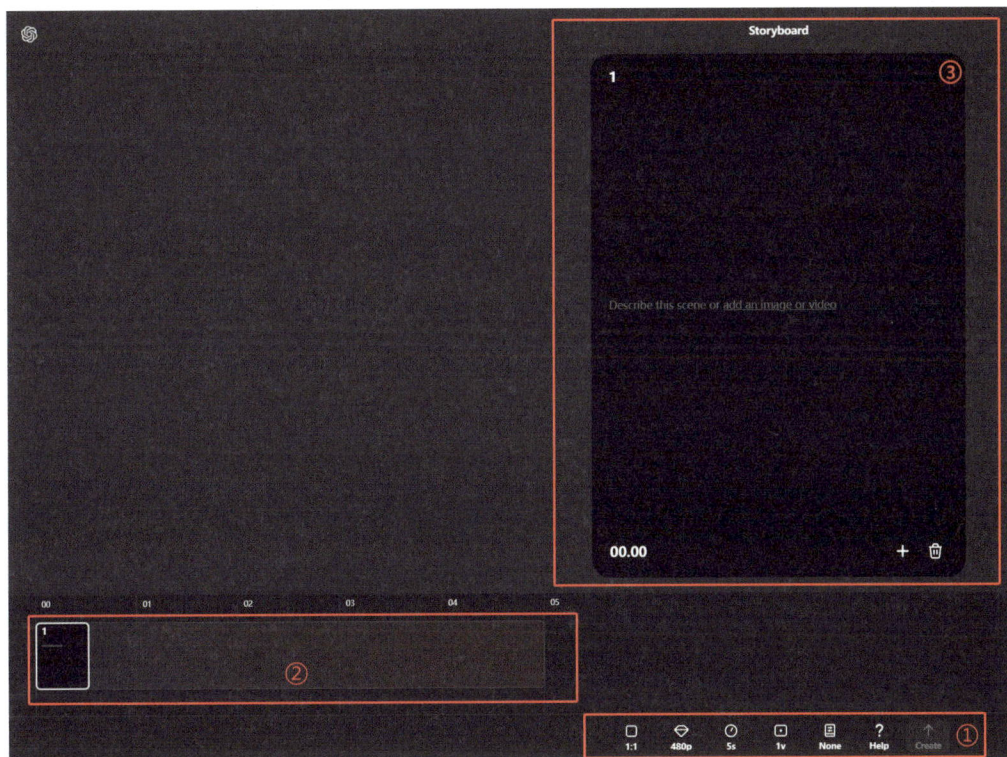

图3-20

3.2.5 风格预设

Sora的风格预设功能主要用于快速生成具有独特风格的视频。单击 按钮，可以看到Sora提供的多种默认预设，如图3-21所示。

图3-21

单击"Manage"按钮 `Manage` ，可以发现Sora的预设就是一些视频风格类提示词。另外，单击 + 按钮，可以在预设中自由添加风格类提示词，如图3-22所示。

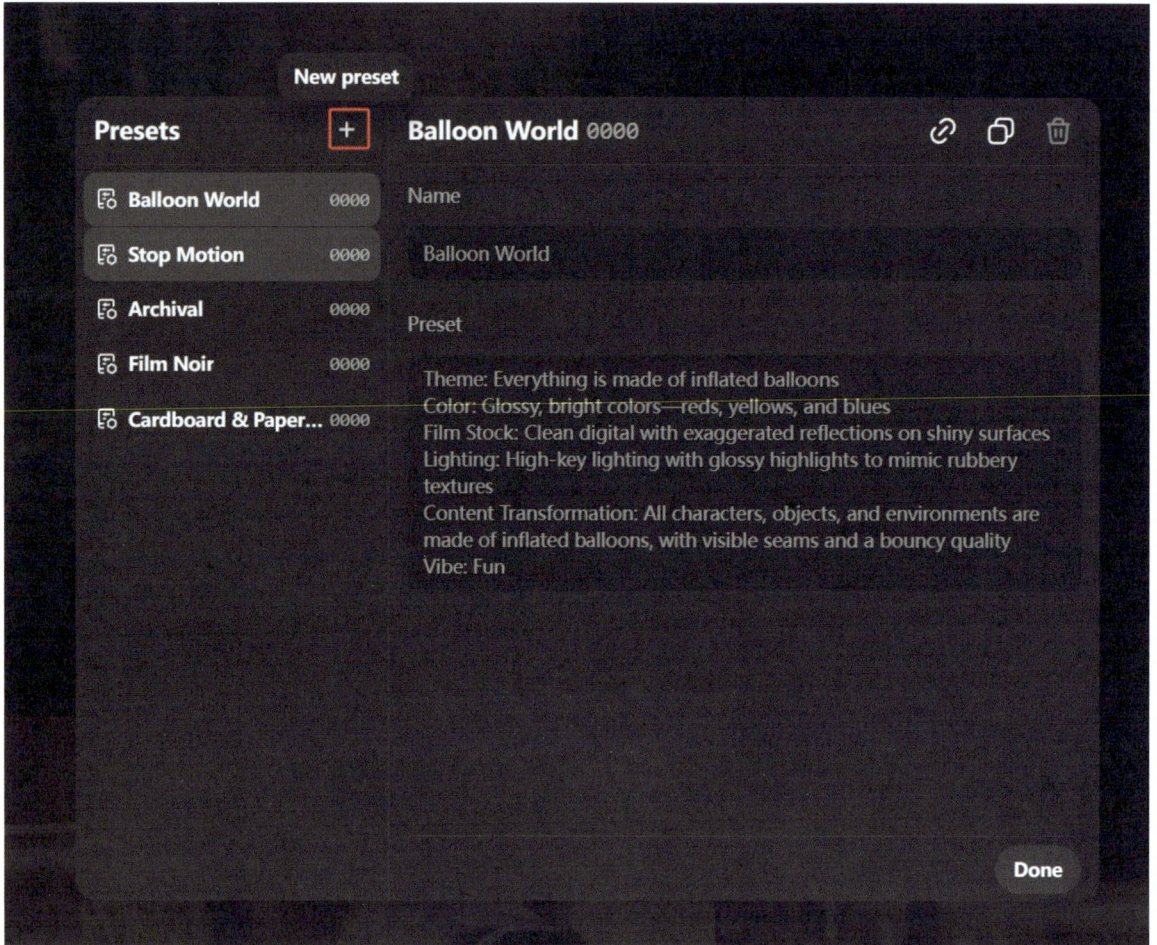

图3-22

第 4 章

Sora与AI工具关联

4

为了帮助创作者充分展示创意，提升作品的专业水准，需要构建一个融合多种AI工具的协同工作流程。本章将深入探讨如何将Sora与其他优秀的AI工具完美结合，从创意发散、内容生成到后期处理，打造完整、高效的智能创作工作流程。

4.1 语言类AI工具

在视频的创作过程中，编写高质量的Sora提示词是每位创作者必须面对的挑战。幸运的是，创作者可以借助当前比较成熟的语言类AI工具来协助编写提示词。作为目前较为先进的大语言模型之一，ChatGPT不仅能够理解复杂的创意需求，还能协助生成富有创意且结构完整的提示词。将Sora的视频生成优势与ChatGPT的语言创作优势相结合，能够构建一个高效的创作工作流程。下面的实例将探索如何借助ChatGPT打造能充分发挥Sora潜力的专业提示词。

4.1.1 ChatGPT

ChatGPT的强大之处在于能够根据用户输入的文本，理解问题并生成连贯、合理的回答。这使它可以应用在各种场景中，如客服、教育、内容创作、语言翻译、编程辅导等。ChatGPT的首页如图4-1所示。

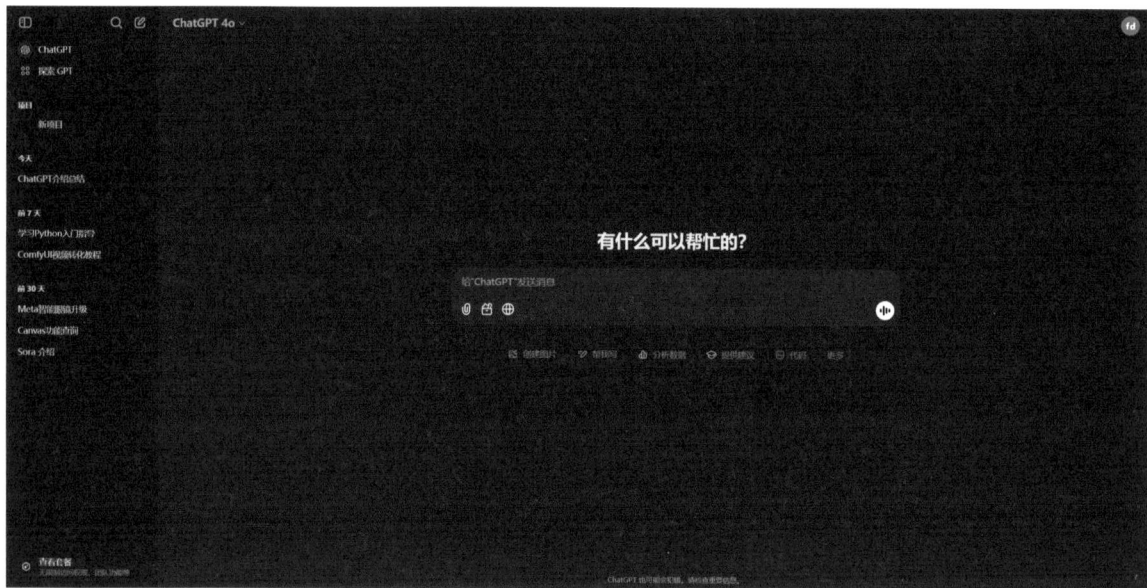

图4-1

由于ChatGPT进行过大量文本数据的训练，使得它在许多领域都有一定的知识积累，如科学、历史、技术、文学等。因此，不管用户提问什么，它都能给出比较合适的回答。当然，随着技术的进步，ChatGPT也在不断优化和更新。相较之前的版本，新版本能理解更复杂的问题、处理模糊的信息和生成符合语境的内容，例如ChatGPT-o1和ChatGPT-o3。

值得注意的是，ChatGPT能够根据用户需求进行一定的个性化调整，例如改变对话的语气、风格等，以适应不同的场景和需求。虽然它功能强大，但并不是没有局限，有时候也会生成不完全准确的回答，甚至出现一些事实错误或偏见。因此，OpenAI为ChatGPT设置了安全审查机制，尽量避免发生这些问题。

技巧提示 用户如果因为网络问题没有办法使用ChatGPT，也可以使用其他优秀的AI工具作为替代品，如通义千问、文心一言等。

前面提到，采用场景、主体、动作、风格和技术结合组成的提示词结构，可以帮助编写完整的Sora提示词。如果用户不想花时间自行编写提示词，不妨将要求提供给ChatGPT，让它生成一段符合要求的提示词。

提示词模板

如果你是一位影视创作者，请帮我为Sora编写一段视频生成提示词，要求：

1.场景：[想要的场景]

2.主体：[核心对象/人物]

3.动作：[具体动作描述]

4.风格：[视觉风格要求]

5.技术：[拍摄要求]

请同时提供中英文版本，并且合并成一段话

可以在结构化的提示词模版中添加自己想要的内容，如下所示。

提示词范文

如果你是一位影视创作者，请帮我为Sora编写一段视频生成提示词，要求：

1.场景：[在公路上]

2.主体：[一只巨大的猫]

3.动作：[玩耍]

4.风格：[写实]

5.技术：[俯视拍摄]

请同时提供中英文版本，并且合并成一段话

生成内容如图4-2所示。

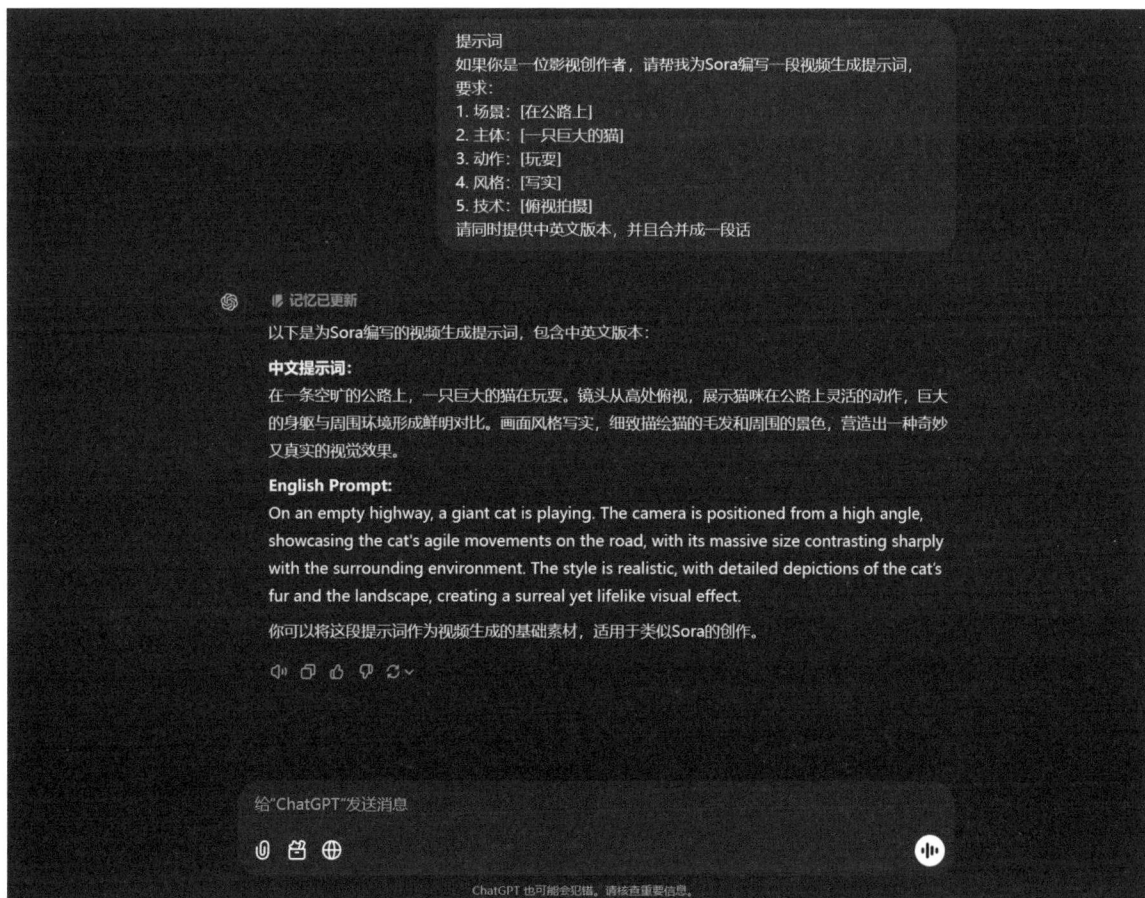

图4-2

如果对当前生成的内容不满意，可以尝试使用提示词来优化描述的画面。

提示词范文

你是一位影视创作者，请帮我为Sora编写一段视频生成提示词，要求：

1. 场景：[在公路上]

2. 主体：[一只巨大的猫]

3. 动作：[玩耍]

4. 风格：[写实]

5. 技术：[俯视拍摄]

请同时提供中英文版本，并且合并成一段话，在场景中添加：

-光线氛围

-环境细节

-空间关系

-色彩效果

生成内容如图4-3所示。

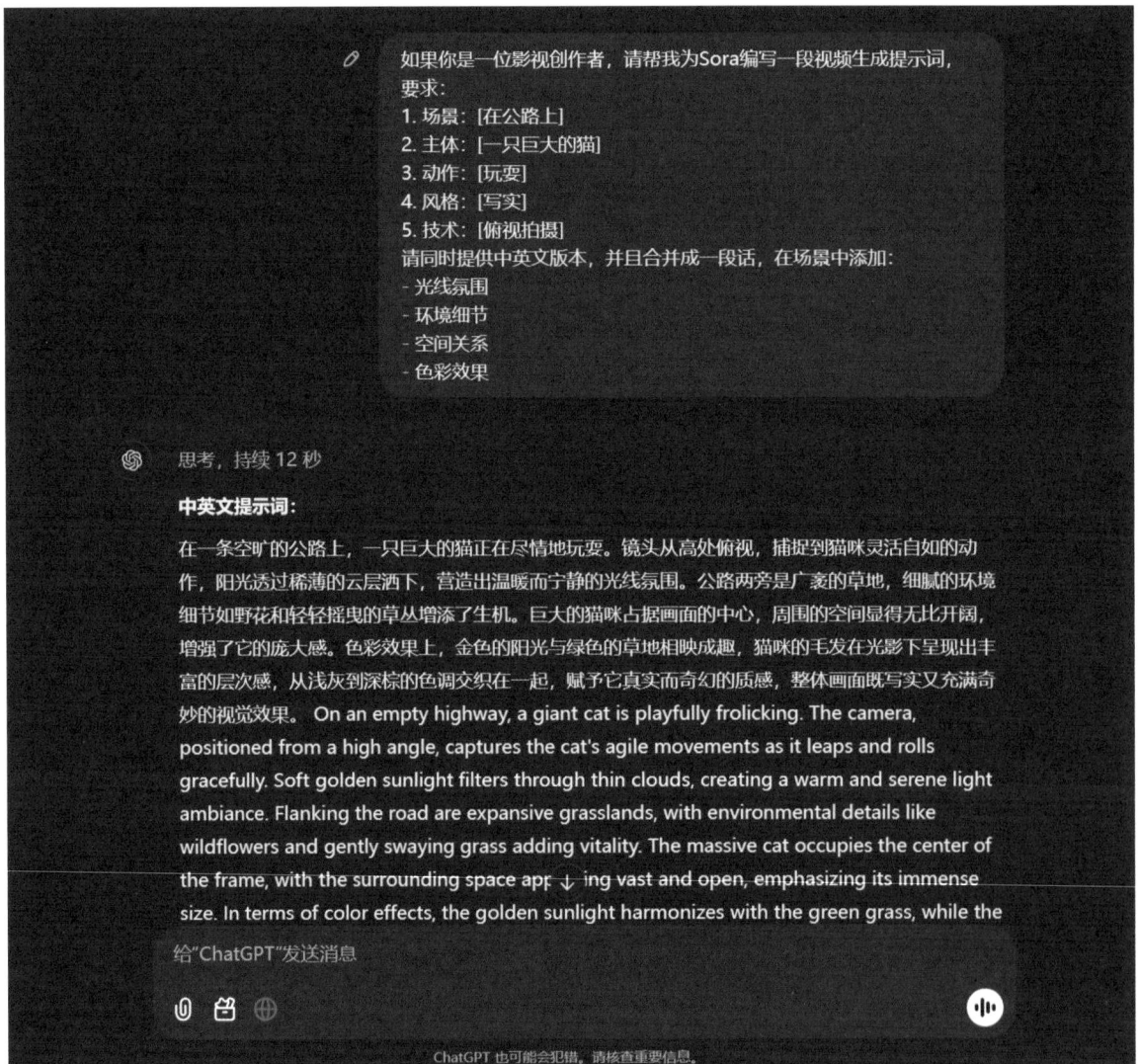

如果你是一位影视创作者，请帮我为Sora编写一段视频生成提示词，要求：
1. 场景：[在公路上]
2. 主体：[一只巨大的猫]
3. 动作：[玩耍]
4. 风格：[写实]
5. 技术：[俯视拍摄]
请同时提供中英文版本，并且合并成一段话，在场景中添加：
- 光线氛围
- 环境细节
- 空间关系
- 色彩效果

思考，持续 12 秒

中英文提示词：

在一条空旷的公路上，一只巨大的猫正在尽情地玩耍。镜头从高处俯视，捕捉到猫咪灵活自如的动作，阳光透过稀薄的云层洒下，营造出温暖而宁静的光线氛围。公路两旁是广袤的草地，细腻的环境细节如野花和轻轻摇曳的草丛增添了生机。巨大的猫咪占据画面的中心，周围的空间显得无比开阔，增强了它的庞大感。色彩效果上，金色的阳光与绿色的草地相映成趣，猫咪的毛发在光影下呈现出丰富的层次感，从浅灰到深棕的色调交织在一起，赋予它真实而奇幻的质感，整体画面既写实又充满奇妙的视觉效果。 On an empty highway, a giant cat is playfully frolicking. The camera, positioned from a high angle, captures the cat's agile movements as it leaps and rolls gracefully. Soft golden sunlight filters through thin clouds, creating a warm and serene light ambiance. Flanking the road are expansive grasslands, with environmental details like wildflowers and gently swaying grass adding vitality. The massive cat occupies the center of the frame, with the surrounding space appↆ ing vast and open, emphasizing its immense size. In terms of color effects, the golden sunlight harmonizes with the green grass, while the

给"ChatGPT"发送消息

ChatGPT 也可能会犯错。请核查重要信息。

图4-3

4.1.2 DeepSeek

DeepSeek是一款国产的语言类AI工具。自首个代码生成模型DeepSeek Coder发布以来，其母公司快速迭代产品，推出了DeepSeek-V2、DeepSeek-V3和DeepSeek-R1等模型。DeepSeek凭借低训练成本（DeepSeek-V3仅600万美元）和高性能特点，在全球AI领域崭露头角。

DeepSeek应用的先进技术包括混合专家模型（MoE）、多头潜在注意力机制（MLA）和强化学习（RL），显著提升了推理能力。例如，DeepSeek-R1在数学和编程任务上可与OpenAI o1模型媲美。DeepSeek的开源策略不仅推动AI工具的普惠化，也为全球开发者提供了新选择。2025年，其聊天机器人应用登顶美国App Store免费榜，显示出强大的市场影响力。

DeepSeek的崛起被视为国内AI领域的转折点之一，展示了中国在AI技术和AI开发成本控制上的实力。DeepSeek的页面如图4-4所示。

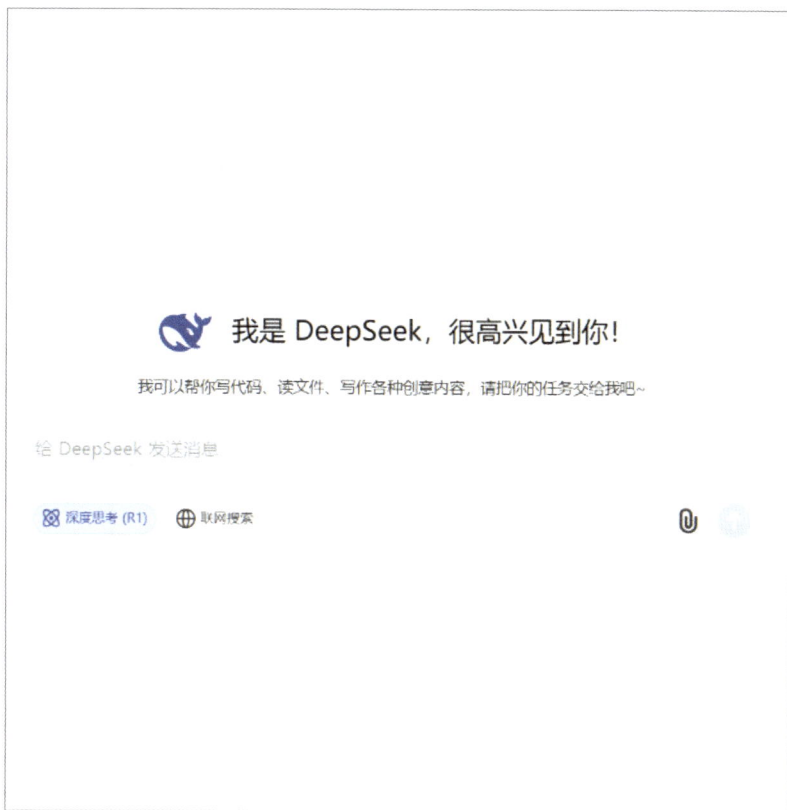

图4-4

4.2 图像类AI工具

在Sora视频生成的过程中，使用图片作为参考能显著提升创作效果。这种方法不仅能确保视频高度还原设计时的细节，还能保持画面的连续性和视觉一致性。通过上传参考图片，可以有效降低视频生成的失败率，让创作变得可控。接下来，介绍几款强大的AI图像生成工具，它们将成为视频创作过程中的"得力助手"。

4.2.1 DALL·E

因为Sora、ChatGPT和DALL·E都是OpenAI的产品，所以在生成视频的过程中搭配使用这3个AI工具，会让工作变得得心应手。基于Transformer框架的DALL·E可以使用自然语言生成图片，这尤其适合有生成图像需求的新手使用。DALL·E的页面如图4-5所示。

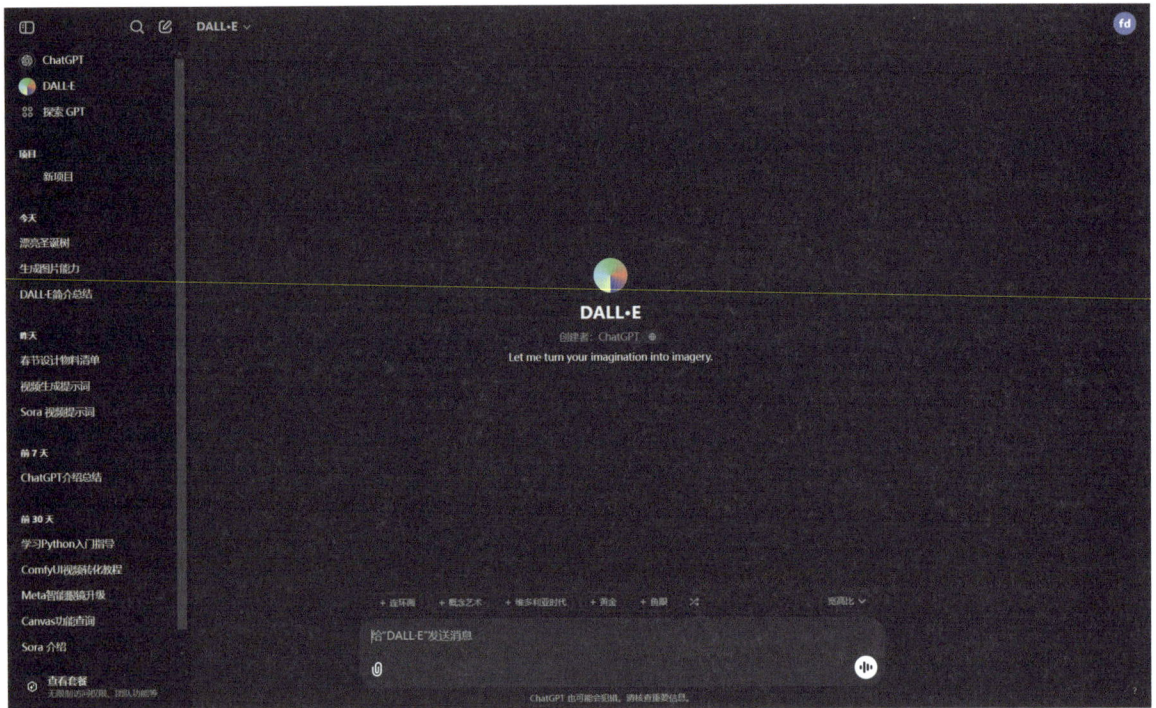

图4-5

01 在DALL·E中提出对生成图片的要求，即可生成图片，如图4-6所示。

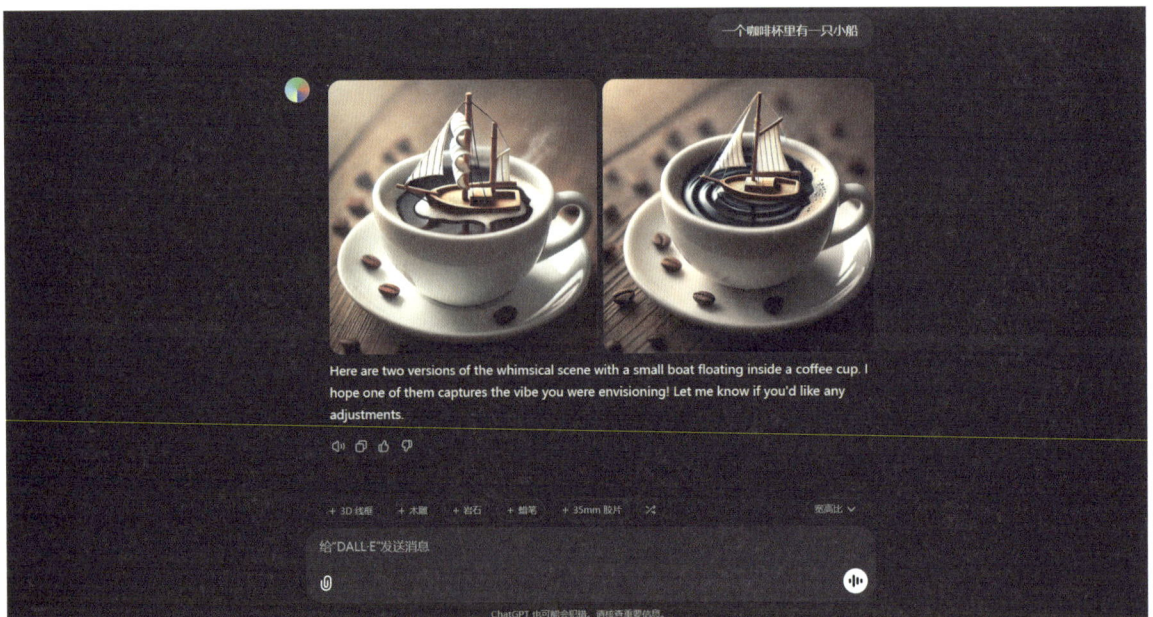

图4-6

02 把鼠标指针移动到图片上，单击 ⬇ 按钮，如图4-7所示，可以将图片保存到本地。

图4-7

03 将下载的图片上传到Sora中，然后使用图片生成视频功能，如图4-8所示，可以生成一段AI视频。

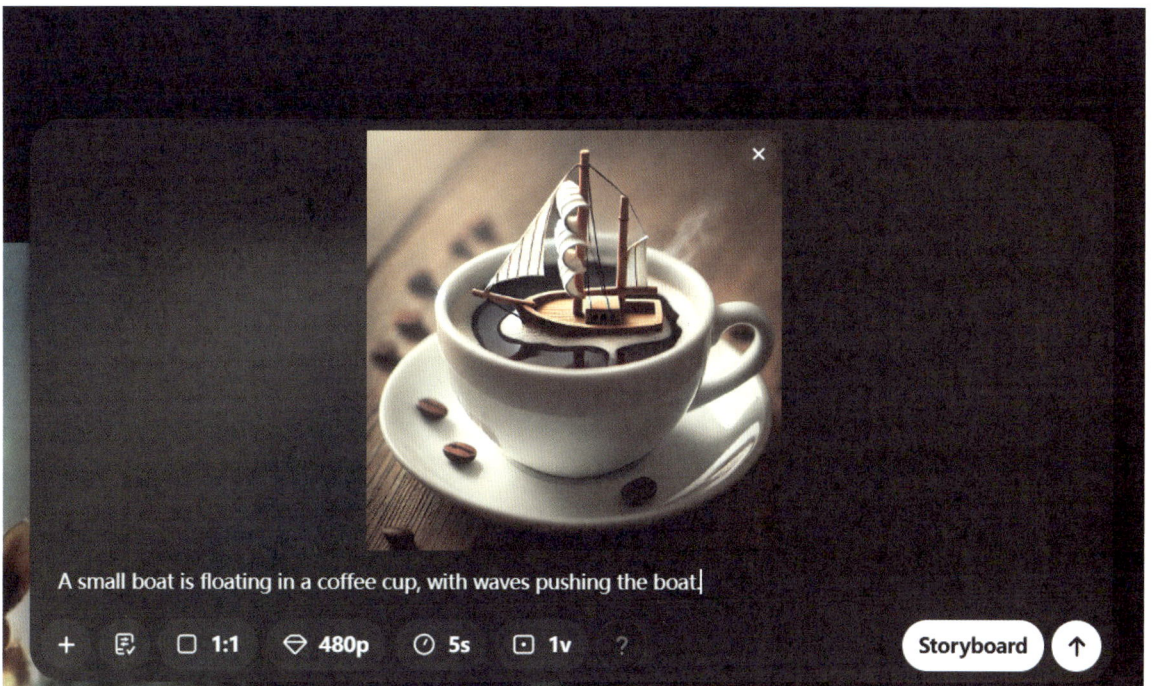

图4-8

4.2.2 Whisk

　　Whisk是一款创新的AI图像生成工具，旨在简化用户的创作过程。只需上传3张图，分别对应主题、SCENE和样式，即可生成全新且富有创意的图像。它不需要用户撰写复杂的提示词，而是能够通过上传的图像，自动识别并提取特征，从而生成新的视觉作品。整体来看，Whisk为图像生成市场带来了新的活力，使得普通用户也能够参与创意表达中。Whisk使用示例如图4-9和图4-10所示。

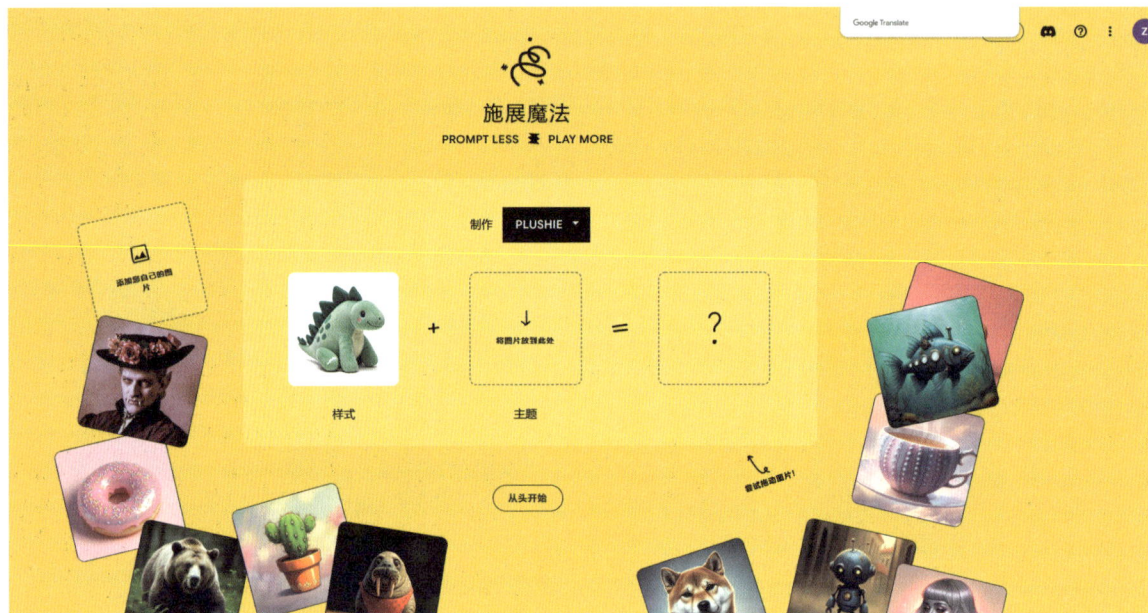

图4-9

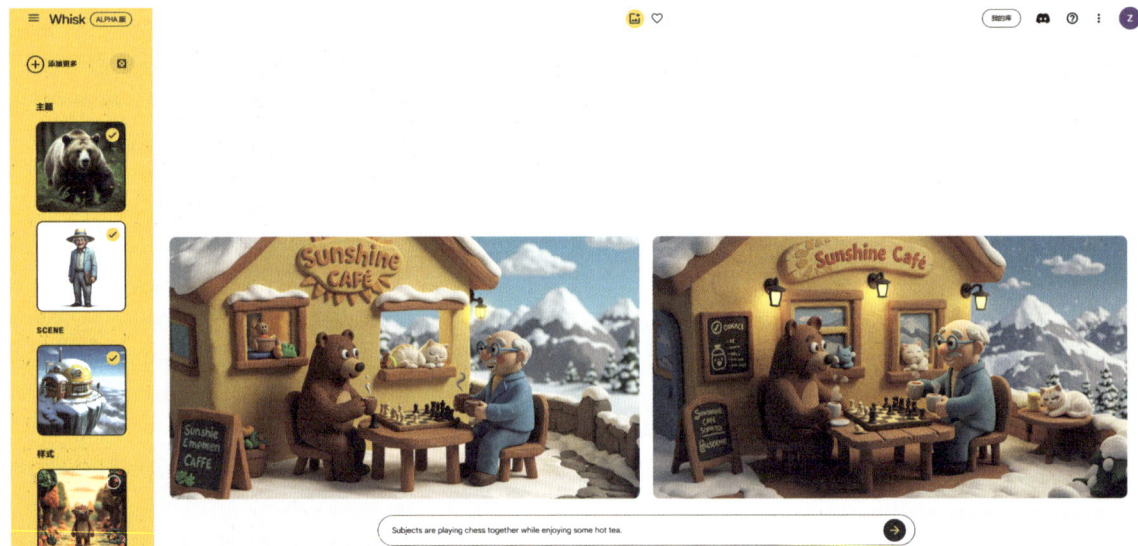

图4-10

4.2.3 Stable Diffusion

　　Stable Diffusion（SD）主要提供两种交互方式。第一种是面向普通用户的WebUI，它提供图形化界面和基础功能设置，适合入门级用户快速上手。第二种是面向专业用户的ComfyUI，这是一个节点式工作流界面，提供细致的参数控制和灵活的工作流定制功能，但需要用户具有专业的知识储备。

相较其他AI图像生成工具，Stable Diffusion的学习曲线较为陡峭。用户需要理解提示词的编写规则、了解各种模型的特点、掌握参数调整的技巧，以及学习如何选择和配置各类插件。这些要求使得Stable Diffusion成为技术门槛较高的AI创作工具，但同时让它能够实现专业、精准的创作效果。

Stable Diffusion强大的性能和活跃的社区生态系统持续吸引着众多创作者。大量的社区贡献者不断开发新的模型、插件和工具，使得Stable Diffusion的功能不断扩展，创作可能性也在不断延伸。无论是专业设计师、艺术家，还是对AI创作感兴趣的普通用户，都能在Stable Diffusion中找到适合自己的创作方式。Stable Diffusion官网界面如图4-11所示。

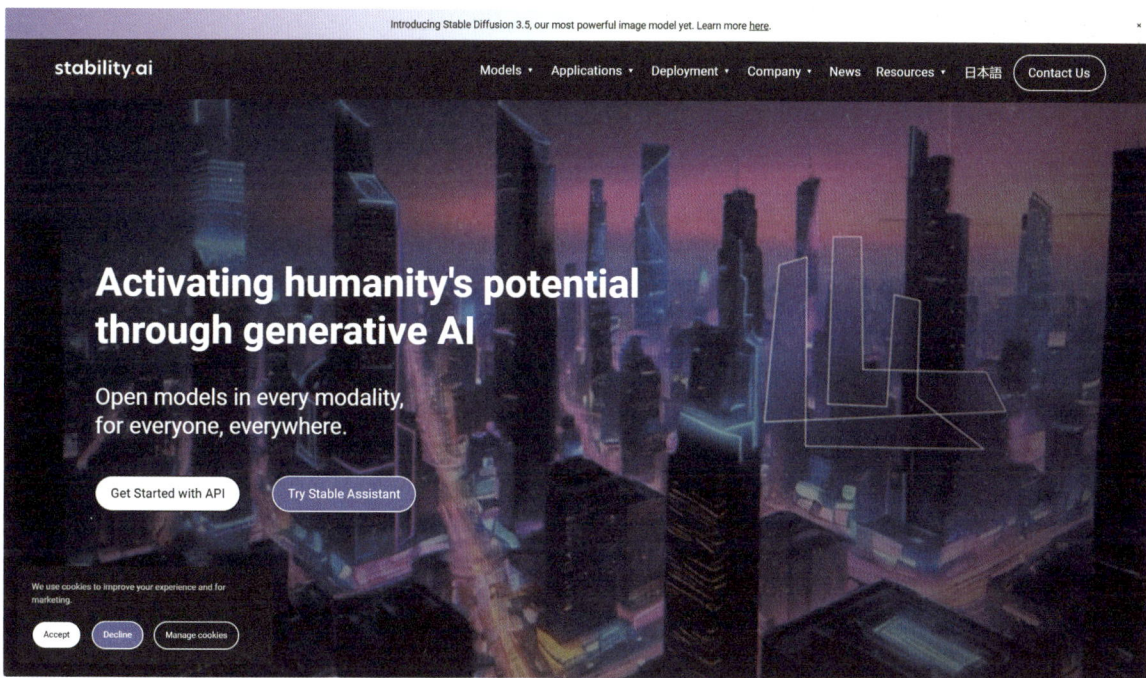

图4-11

4.3 视频类AI工具

在Sora发布前，已有很多口碑不错的视频类AI工具，它们的操作思路与Sora较为相似，但在功能上各有特点。本节将分享几个其他的视频类AI工具。

4.3.1 Runway

Runway是比较早出现在大众视野中的AI视频工具，它通过强大的AI技术重新定义了数字内容创作的方式。这个AI工具引人注目的是其强大的视频处理能力，Runway不仅可以根据文本描述直接生成视频内容，还能对现有视频进行智能编辑和处理。同时，它还提供高质量的AI图像生成功能，以及丰富的视频特效工具，使创作者能够轻松实现专业级的视觉效果。

在技术层面，Runway展现出强大的创新实力，它支持多模态融合，能够自然地整合文本、图像、视频等多种形式的内容，为创作者提供丰富的表现可能。Runway的界面如图4-12所示。

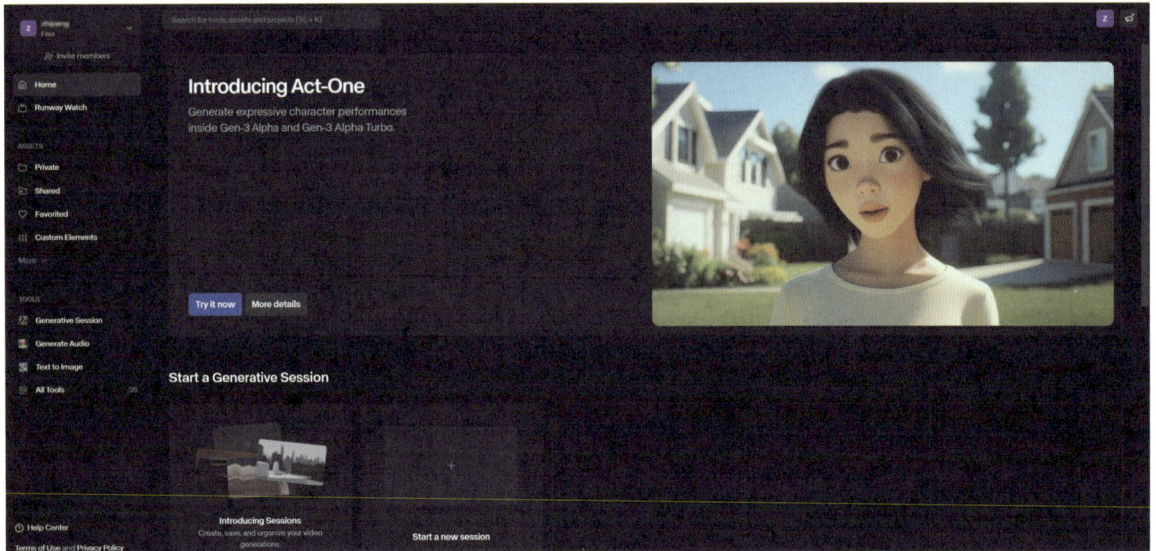

图4-12

01 打开Runway，找到使用图片生成视频的功能，如图4-13所示。单击后就可以使用图片生成视频了。

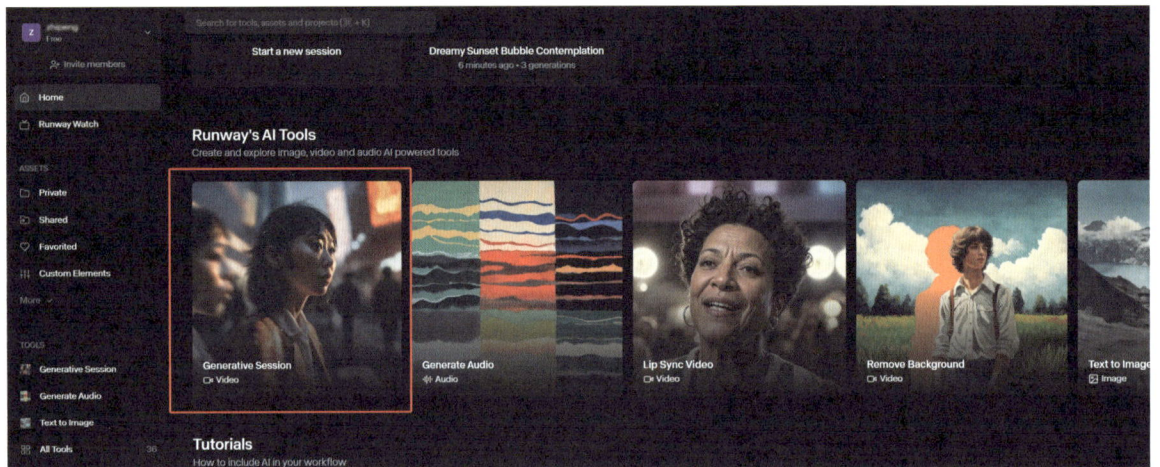

图4-13

02 单击图4-14所示的图片上传区域，上传图片，并在下方的提示词输入区域输入提示词，其中提示词可以按照Sora的结构性提示词来编写。

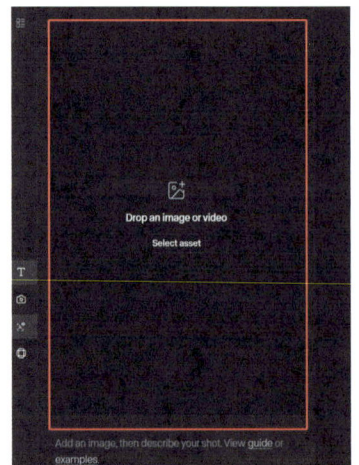

图4-14

03 单击"Generate"（生成）按钮 Generate ，可以生成一段视频，如图4-15所示。

图4-15

当然，Runway的功能不止于此，其他如文字生成图片功能等都十分强大，各位读者如果有兴趣，可以自行尝试使用。

4.3.2 可灵AI

可灵（KLING）AI作为国内领先的视频生成模型，不仅具备主流视频生成工具的核心功能，还针对中文创作场景做了深度优化。它支持文本生成视频、图像生成视频、视频风格迁移等多种创作模式，并在画面质量、内容控制和生成效率等方面都展现出突出的实力。特别是在处理中文提示词和东方文化元素方面，可灵AI表现出独特的优势，为国内创作者提供了可满足本土化创作需求的解决方案。

01 可灵AI需要使用手机号注册登录。进入可灵AI的主界面后可以看到目前可灵AI支持的3种功能，分别是AI图片、AI视频和视频剪辑，如图4-16所示。单击"AI视频"，即可进入视频生成界面。

图4-16

02 可灵AI支持文本生成视频功能，使用Sora的提示词，可以直接生成创意视频，如图4-17所示。

图4-17

03 进入图片生成视频界面，可以尝试直接上传图片制作视频，还可以在下方的参数设置区域对视频的参数进行调整，如图4-18所示。

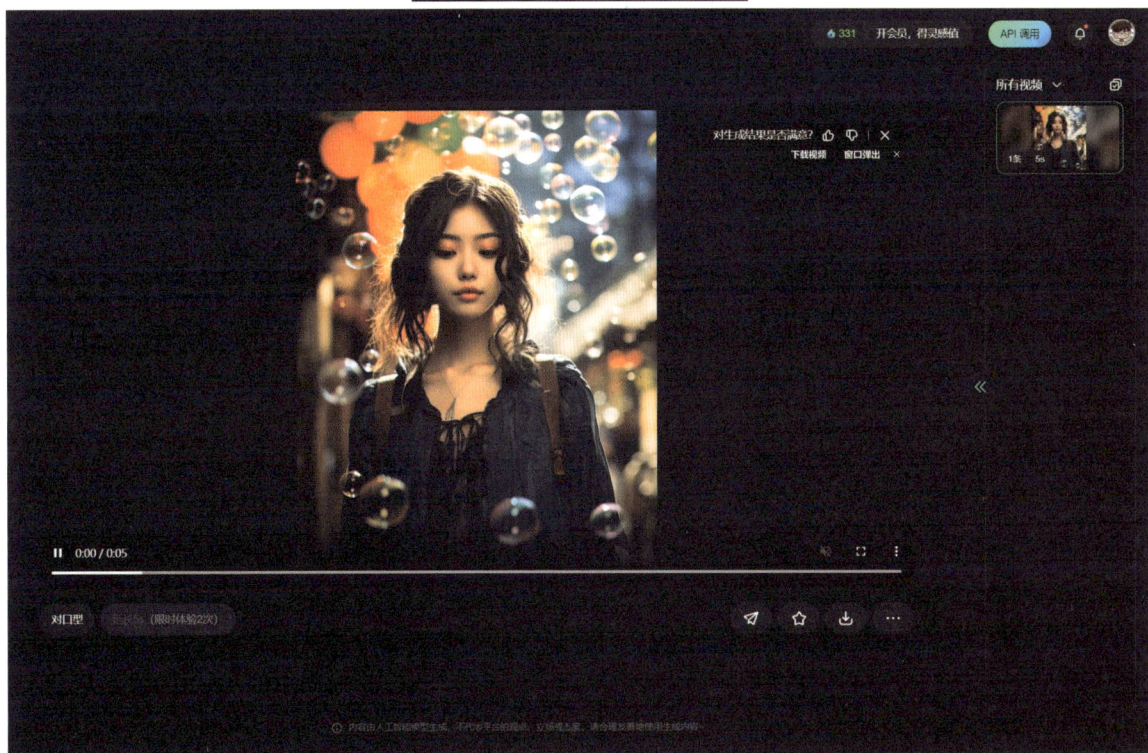

图4-18

技巧提示 在视频生成领域，国内的视频类AI工具创作的视频与国外的差距并不大，如果对国外的软件不熟悉，可以多尝试使用国内的AI工具，这里的介绍只起到抛砖引玉的作用。

4.4 音乐类AI工具

在当今AI快速发展的背景下，AI在音乐创作领域也展现出令人惊叹的能力。随着技术的进步，越来越多功能强大的AI音频工具不断涌现，它们不仅能创作原创音乐，还能进行专业的混音和编曲。这些工具正在重新定义音乐创作的方式，让没有专业音乐背景的创作者也能轻松制作出优质的视频配乐。本节将详细介绍几款当前较受欢迎且功能强大的音乐类AI工具，探讨它们如何革新传统的音乐创作流程，以及如何帮助创作者完成视频配乐工作。

4.4.1 Suno AI

Suno AI是一款突破性的AI音乐创作工具，只需输入简单的文本描述，即可生成专业品质的音乐作品。作为普及AI音乐创作的先驱，Suno AI让每个人都能轻松实现音乐梦想。这款由Suno公司开发的AI工具，正在重新定义音乐创作的可能性，为音乐领域带来巨大改变。Suno AI主界面如图4-19所示。

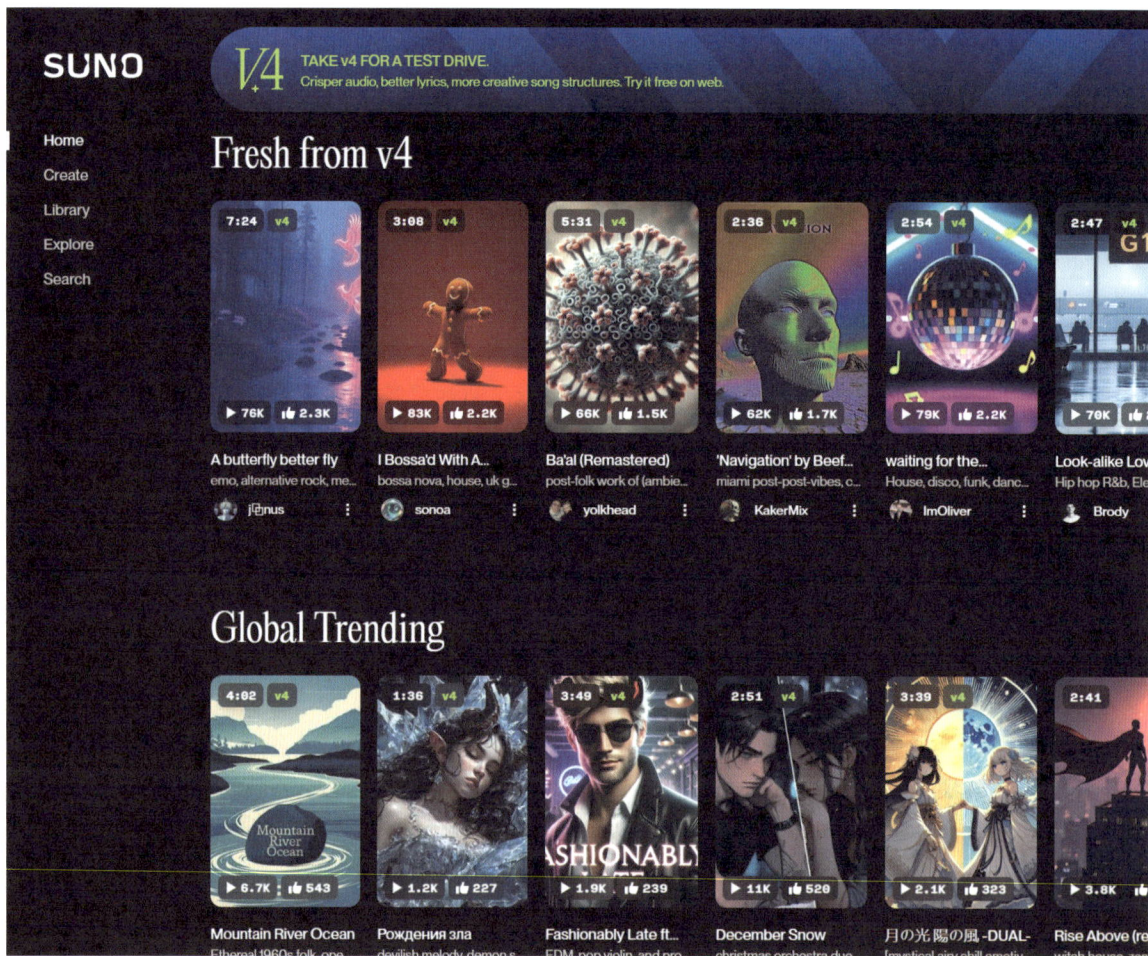

图4-19

01 访问官方网站并登录后进入主界面，单击左侧的"Create"（创建）选项卡，即可进入音乐创作的界面，如图4-20所示。

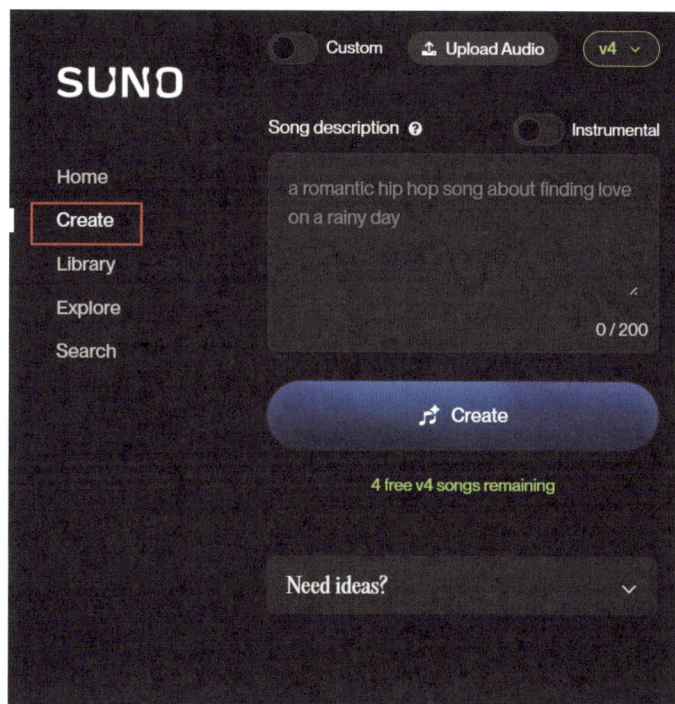

图4-20

02 在"Song description"（歌曲描述）文本框中输入创作音乐的提示词，如图4-21所示，单击"Create"按钮，可以直接生成两首AI音乐。在界面右侧会有创作音乐时的提示词，以及创作出的歌词，如图4-22所示。

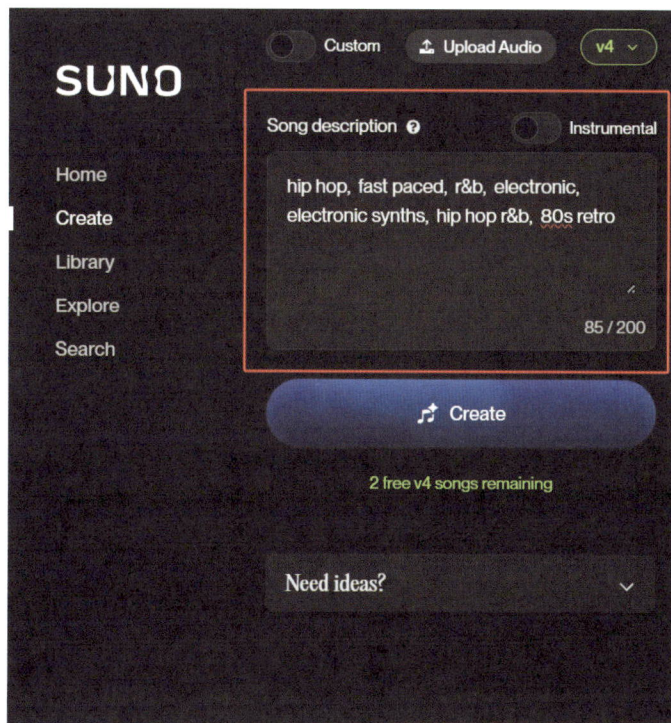

图4-21

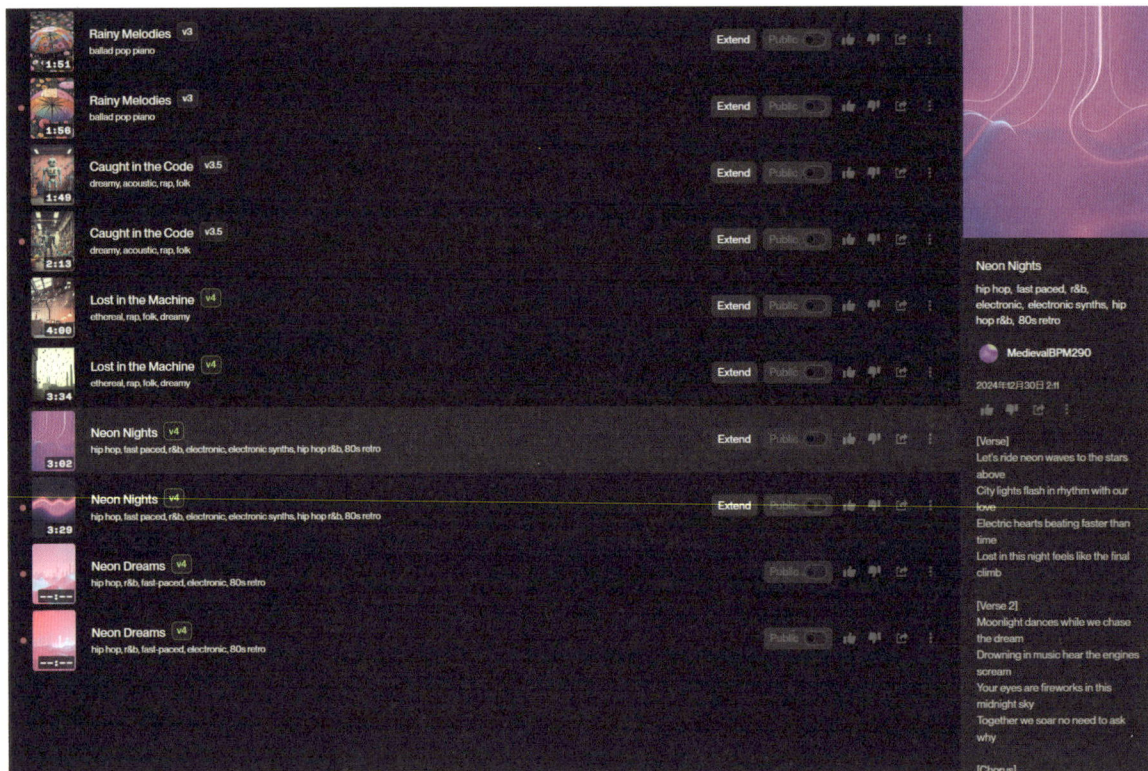

图4-22

03 如果自己已经写好了歌词，可以开启"Custom"（自定义）选项 ●Custom，在生成时使用自定义的歌词，如图4-23所示。

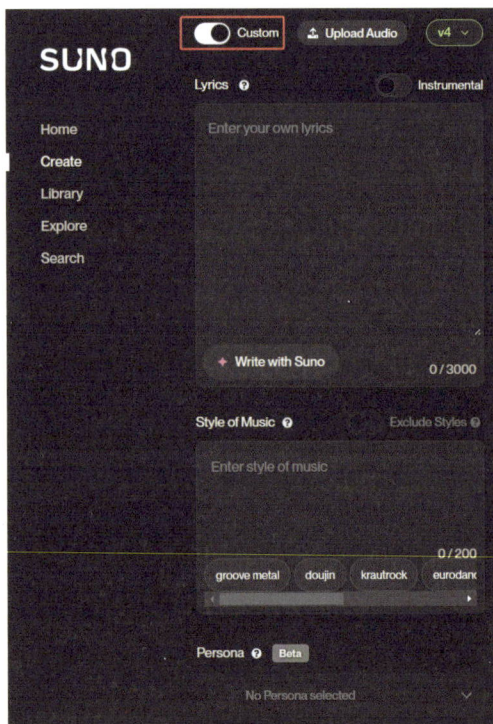

图4-23

技巧提示 目前，Suno AI在中文歌曲的创作中也较为出彩。如果需要AI创作一些中文歌曲，可以尝试使用Suno AI。

04 如果用户想到一段旋律，Suno AI也可以直接根据已有的音频自动生成一段优秀的配乐。单击"Upload Audio"（上传音频）按钮 `⬆ Upload Audio`，可以上传一段音频，直接进行创作，如图4-24和图4-25所示。

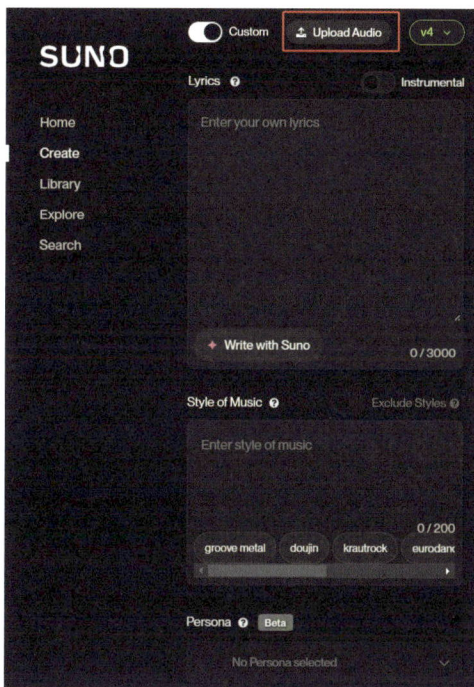

图4-24

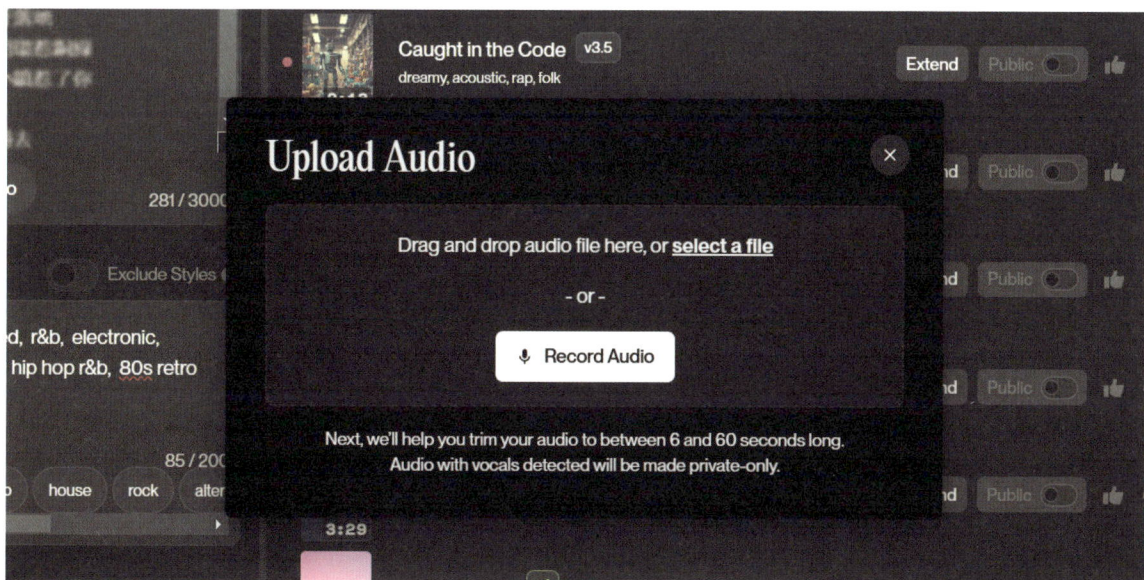

图4-25

4.4.2 ElevenLabs

ElevenLabs主要用于文本合成语音，能够生成情感丰富、语调自然的语音，支持28种语言的生成，且具备自动语言识别和语音调整功能。ElevenLabs能够理解文本上下文，从而调整语调和节奏，其主界面如图4-26所示。

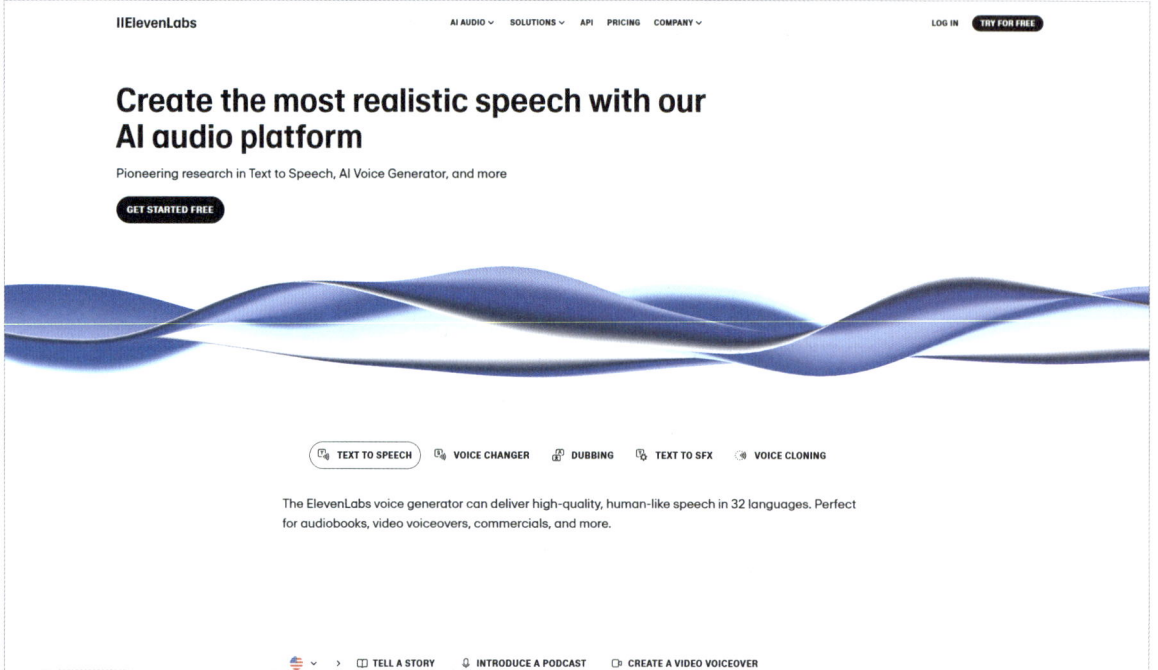

图4-26

技巧提示 ElevenLabs适用于为视频生成旁白，并支持真人声音克隆。其使用方法简便，读者可以亲身探索，充分发掘这一强大工具的潜力。

第 **5** 章

Sora的实践与应用

5

随着AI工具在视频领域的不断优化，AI视频也在商业领域展现出广阔的应用前景。在娱乐产业中，它可用于电影效果制作、游戏场景开发和广告创作等；在教育培训领域，可以用于制作高质量的教学视频和实验演示视频等；在房地产行业，能够用于制作建筑效果视频和室内设计视频等；在旅游行业，可以用于制作景点宣传片；在营销推广领域，可以用于创作引人入胜的社交媒体内容和品牌故事。接下来将深入探讨Sora在这些商业领域的具体应用和实践。

5.1 AI文旅新方向

AI技术已经为文旅行业带来革命性的的改变。目前，各大城市纷纷推出令人惊叹的AI宣传片，展现城市独特魅力。此外，社交媒体上更是掀起了"文物跳舞"的热潮，古老文物通过AI技术焕发新生，以俏皮可爱的形象吸引了大量年轻观众的关注，让传统文化以更有趣的方式走入公众视野。

这股AI文旅创新浪潮的背后，体现了AI技术在创意表达方面的巨大潜力。它不仅打破了传统文化传播的局限性，创造出更具吸引力的内容，还帮助文旅行业找到了与年轻观众沟通的全新方式。通过AI技术，历史文物和城市文化不再是静态的展示品，而是变成了有温度、有故事、能与观众产生情感共鸣的、鲜活的存在。这种创新的方式不仅提升了文化传播的效果，也为文旅产业的发展注入了新的活力。

5.1.1 AI文旅短片创作思路

AI文旅短片创作区别于普通AI视频制作，需要在保持真实性的同时，融合AI绘画的艺术特色。通过AI技术与AI绘画展现城市风貌和地域文化，既要突出旅游景点的独特魅力，又要赋予作品创新性和想象空间。这就需要利用ChatGPT来对内容进行优化和梳理。

AI文旅短片的创作可分为3个阶段：策划筹备、创意制作和后期完善。

策划筹备阶段：创作AI文旅短片的首要任务是确立清晰的主题定位。无论是展现历史文化、自然风光，还是现代发展成就，都需要根据目标受众和传播目的来确定主题定位。随后需要全方位收集城市素材，包括地标建筑、民俗风情、人文景观、科技创新和特色美食等。

创意制作阶段：包含脚本创作和视听呈现两个关键环节。脚本需要基于收集的素材构建完整故事线，详细规划画面、旁白和时长。在视听呈现方面，通过AI工具生成高质量的视觉内容，同时精心选配音乐、旁白和音效，或根据当地特色定制专属音乐，以增强情感共鸣。

后期完善阶段：着重于素材的整合与剪辑，将所有素材融合成一部完整的宣传片。整个创作过程需要确保各环节紧密衔接，呈现出富有吸引力的城市形象。

5.1.2 使用ChatGPT撰写策划案

在策划阶段，可以利用ChatGPT等AI工具协助确定主题和进行初步的内容策划，包括构思宣传片的故事线和情节等，撰写详尽的脚本。

首先，可以找一个比较有代入感的视频文案，将文案输入给ChatGPT进行文案学习。接着，给出要求，可以得到一段不错的文案。这里以宣传四川为例，如图5-1所示。

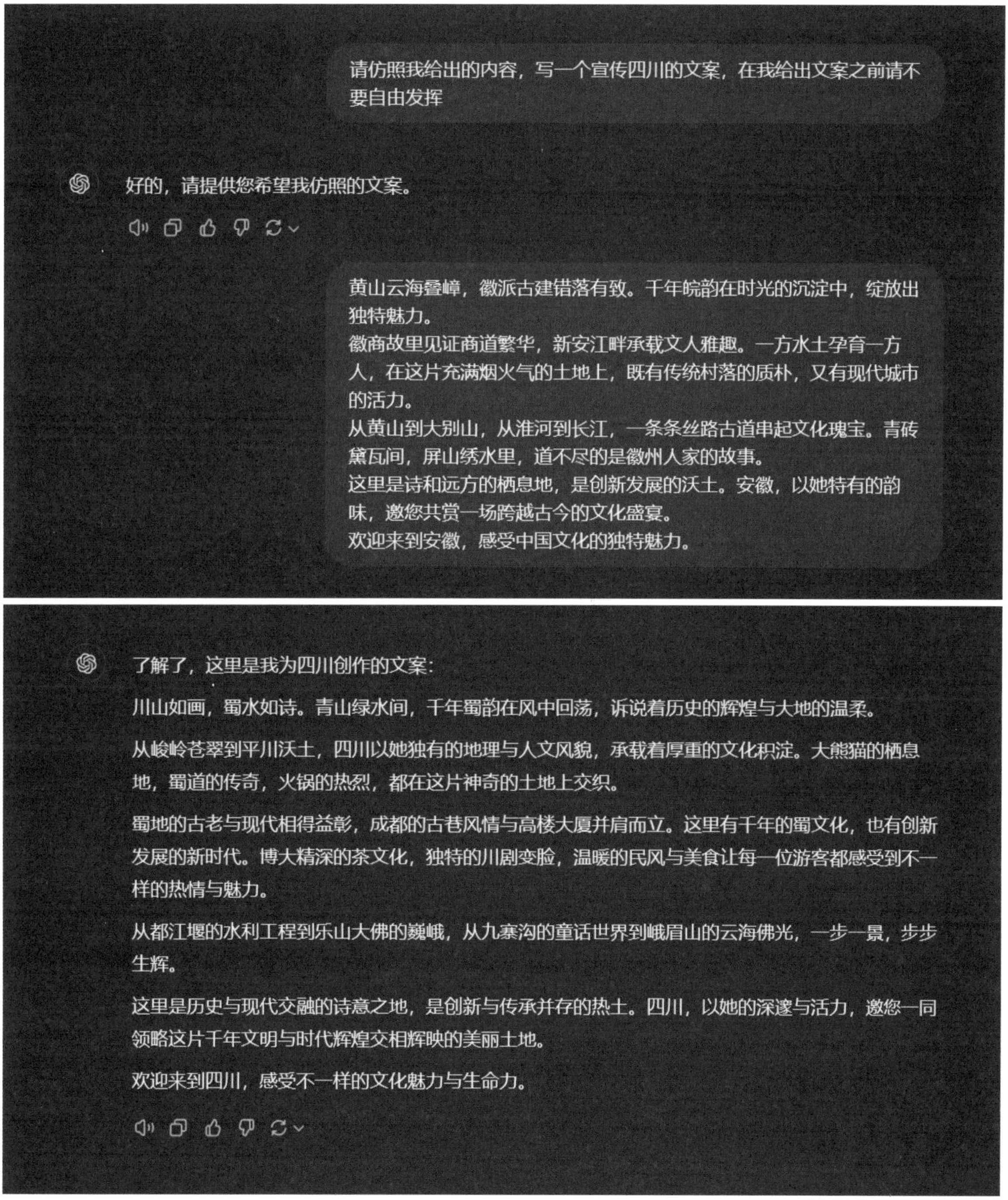

请仿照我给出的内容，写一个宣传四川的文案，在我给出文案之前请不要自由发挥

好的，请提供您希望我仿照的文案。

黄山云海叠嶂，徽派古建错落有致。千年皖韵在时光的沉淀中，绽放出独特魅力。
徽商故里见证商道繁华，新安江畔承载文人雅趣。一方水土孕育一方人，在这片充满烟火气的土地上，既有传统村落的质朴，又有现代城市的活力。
从黄山到大别山，从淮河到长江，一条条丝路古道串起文化瑰宝。青砖黛瓦间，屏山绣水里，道不尽的是徽州人家的故事。
这里是诗和远方的栖息地，是创新发展的沃土。安徽，以她特有的韵味，邀您共赏一场跨越古今的文化盛宴。
欢迎来到安徽，感受中国文化的独特魅力。

了解了，这里是我为四川创作的文案：

川山如画，蜀水如诗。青山绿水间，千年蜀韵在风中回荡，诉说着历史的辉煌与大地的温柔。

从峻岭苍翠到平川沃土，四川以她独有的地理与人文风貌，承载着厚重的文化积淀。大熊猫的栖息地，蜀道的传奇，火锅的热烈，都在这片神奇的土地上交织。

蜀地的古老与现代相得益彰，成都的古巷风情与高楼大厦并肩而立。这里有千年的蜀文化，也有创新发展的新时代。博大精深的茶文化，独特的川剧变脸，温暖的民风与美食让每一位游客都感受到不一样的热情与魅力。

从都江堰的水利工程到乐山大佛的巍峨，从九寨沟的童话世界到峨眉山的云海佛光，一步一景，步步生辉。

这里是历史与现代交融的诗意之地，是创新与传承并存的热土。四川，以她的深邃与活力，邀您一同领略这片千年文明与时代辉煌交相辉映的美丽土地。

欢迎来到四川，感受不一样的文化魅力与生命力。

图5-1

整理和修改文案后，还需要让ChatGPT根据修改后的内容生成相应的分镜脚本，并制作一个表格，以便更加高效、规范地完成后续的修改和制作工作。这里把表格内容分为序号、分镜脚本、景别、运镜、场景描述、旁白、拟音、Prompt（提示词）等部分，ChatGPT生成内容如图5-2所示。

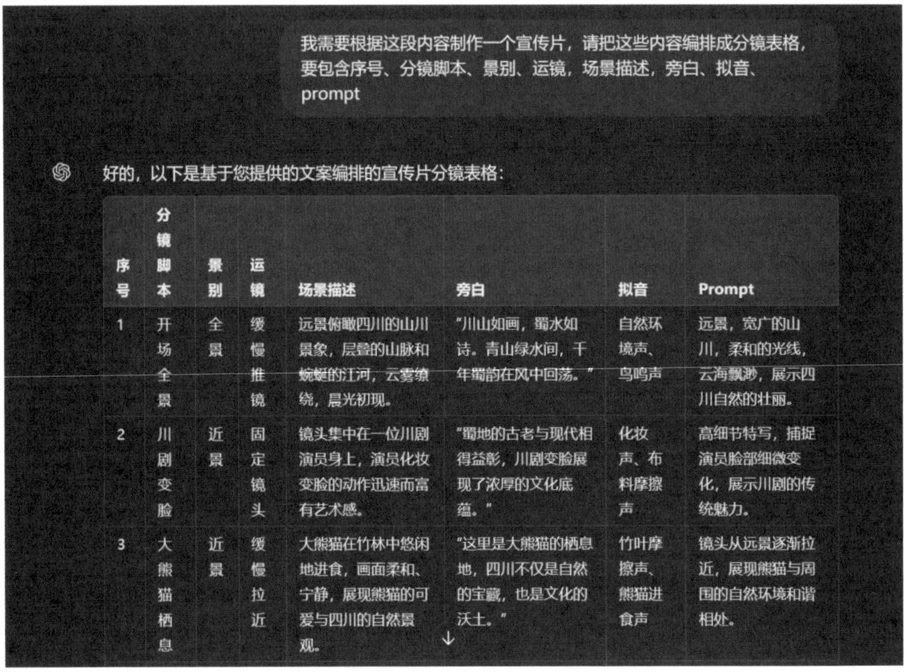

我需要根据这段内容制作一个宣传片，请把这些内容编排成分镜表格，要包含序号、分镜脚本、景别、运镜，场景描述，旁白、拟音、prompt

好的，以下是基于您提供的文案编排的宣传片分镜表格：

序号	分镜脚本	景别	运镜	场景描述	旁白	拟音	Prompt
1	开场全景	全景	缓慢推镜	远景俯瞰四川的山川景象，层叠的山脉和蜿蜒的江河，云雾缭绕，晨光初现。	"川山如画，蜀水如诗。青山绿水间，千年蜀韵在风中回荡。"	自然环境声、鸟鸣声	远景，宽广的山川，柔和的光线，云海飘渺，展示四川自然的壮丽。
2	川剧变脸	近景	固定镜头	镜头集中在一位川剧演员身上，演员化妆变脸的动作迅速而富有艺术感。	"蜀地的古老与现代相得益彰，川剧变脸展现了浓厚的文化底蕴。"	化妆声、布料摩擦声	高细节特写，捕捉演员脸部细微变化，展示川剧的传统魅力。
3	大熊猫栖息	近景	缓慢拉近	大熊猫在竹林中悠闲地进食，画面柔和、宁静，展现熊猫的可爱与四川的自然景观。	"这里是大熊猫的栖息地，四川不仅是自然的宝藏，也是文化的沃土。"	竹叶摩擦声、熊猫进食声	镜头从远景逐渐拉近，展现熊猫与周围的自然环境和谐相处。

图5-2

生成表格后，对表格的内容进行调整，把提示词部分的内容改成英文，如图5-3所示。

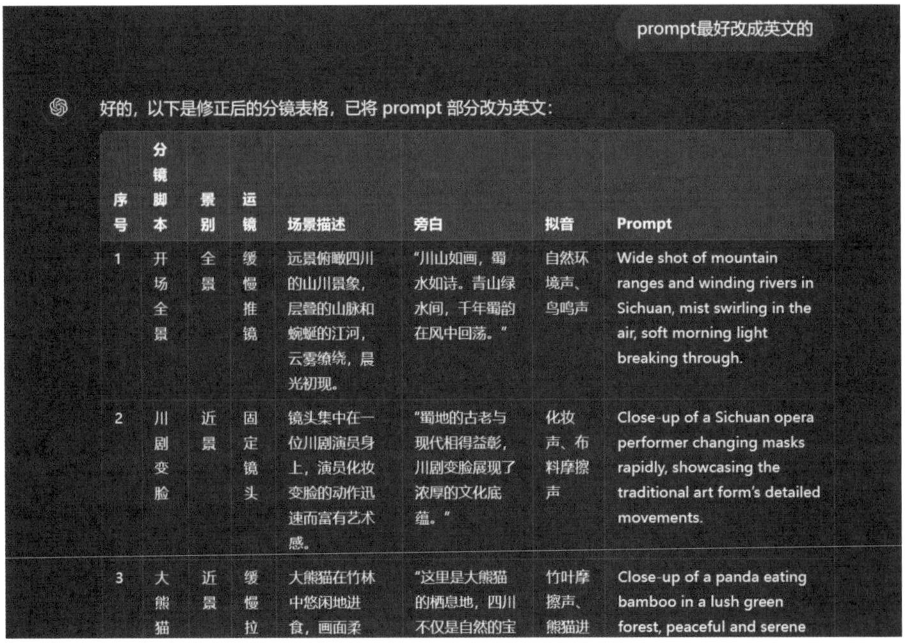

prompt最好改成英文的

好的，以下是修正后的分镜表格，已将 prompt 部分改为英文：

序号	分镜脚本	景别	运镜	场景描述	旁白	拟音	Prompt
1	开场全景	全景	缓慢推镜	远景俯瞰四川的山川景象，层叠的山脉和蜿蜒的江河，云雾缭绕，晨光初现。	"川山如画，蜀水如诗。青山绿水间，千年蜀韵在风中回荡。"	自然环境声、鸟鸣声	Wide shot of mountain ranges and winding rivers in Sichuan, mist swirling in the air, soft morning light breaking through.
2	川剧变脸	近景	固定镜头	镜头集中在一位川剧演员身上，演员化妆变脸的动作迅速而富有艺术感。	"蜀地的古老与现代相得益彰，川剧变脸展现了浓厚的文化底蕴。"	化妆声、布料摩擦声	Close-up of a Sichuan opera performer changing masks rapidly, showcasing the traditional art form's detailed movements.
3	大熊猫	近景	缓慢拉	大熊猫在竹林中悠闲地进食，画面柔	"这里是大熊猫的栖息地，四川不仅是自然的宝	竹叶摩擦声、熊猫进	Close-up of a panda eating bamboo in a lush green forest, peaceful and serene

图5-3

技巧提示 这里的表格基于笔者日常制作视频分镜脚本时经常用到的内容，读者也可以根据日常工作的需求改进表格。

5.1.3 使用可灵AI制作分镜

在完成创意脚本后，就需要把具体的内容转化成可视化的分镜。通常，在普通的创意短片制作中，可以把创作视频的任务直接交给Sora来完成，但是因为文旅视频更注重城市风貌和地域文化，所以应该尽量使用国内的AI模型来辅助生成图片。在画面呈现方面，这里主要使用可灵AI来完成。

分镜图片制作

01 把AI生成的场景描述输入给可灵AI生成图片。通常在设置界面选择16：9的固定比例，生成数量设置为4张，生成图片如图5-4所示。

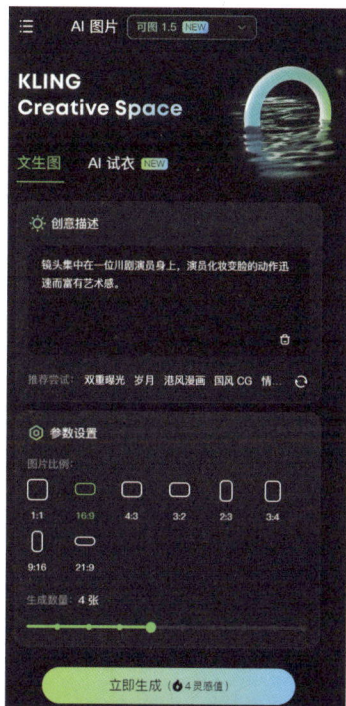

图5-4

02 单击左下角的图片，如图5-5所示，下载该图片。单击"生成视频"按钮 生成视频 生成视频。

图5-5

技巧提示 4.3.2小节介绍了可灵AI的使用技巧。在生成AI视频的过程中，可灵AI对镜头的设计相对较为单一，且人物的运动幅度比较小。所以如果想让视频看起来更加真实、自然，后续还是需要使用Sora对内容进行补全和设计。

5.1.4 使用Sora优化补全视频细节

Sora最显著的优势在于其具有混合功能。当AI生成的初始内容未能完全满足创作需求时，可以利用Sora进行精细化编辑，对画面进行局部调整或风格重塑，从而达到理想的视觉效果。这种灵活的编辑能力让创作者能够更精准地控制最终呈现的画面质量。

01 在Sora中上传在可灵AI中生成的视频片段，再执行"Blend" Blend 命令，如图5-6所示，对两组视频进行混合，以解决可灵AI生成视频动作幅度小、较为失真的问题。

图5-6

02 在"Blend"功能界面中拖曳拉杆，调整视频的修改幅度，以及变换曲线，如图5-7所示。

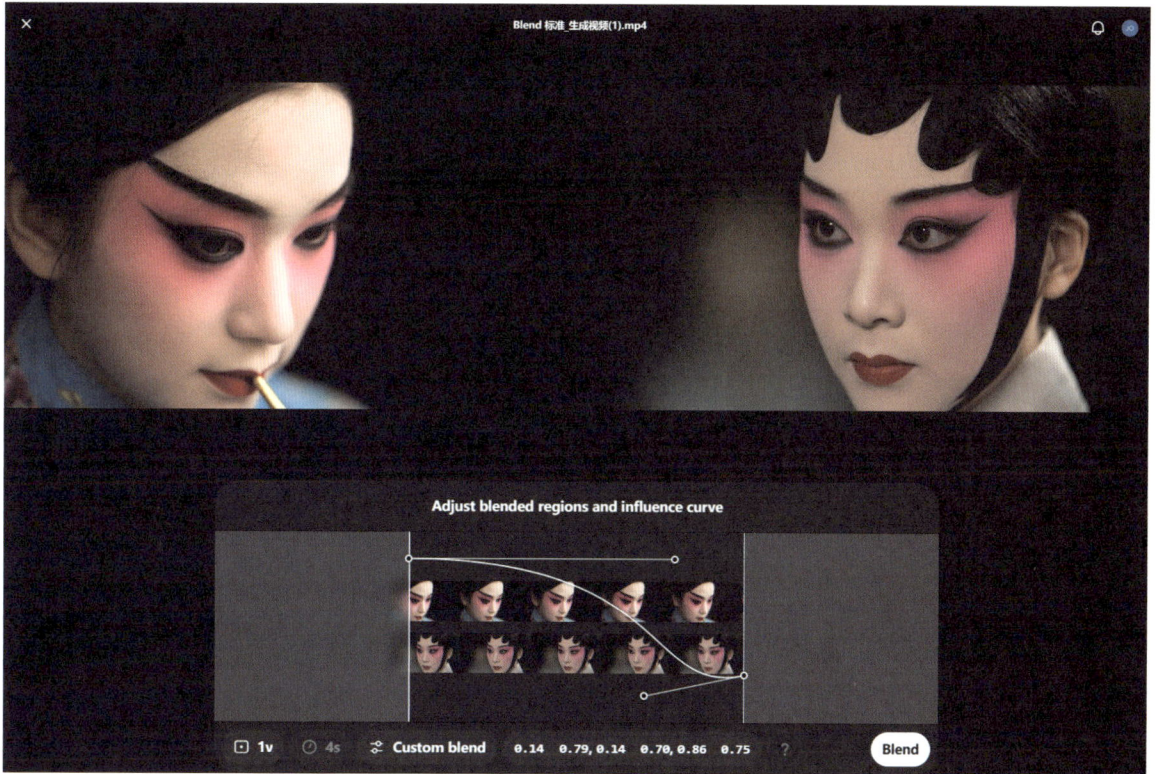

图5-7

03 获得了两个视频混合生成的全新视频，如图5-8所示。

图5-8

5.1.5 AI配音和旁白制作

在AI文旅短片的制作中，旁白扮演着引导叙事和传递情感的关键角色。传统人工配音不仅耗时，还面临非专业人员发音不标准、情感把控不到位等问题。AI配音工具能够提供稳定的音质和专业水准的语音效果，支持灵活调节语气、语速和音量，同时可以快速生成多个版本以便进行比较，大大提升配音效率和质量。

01 因为是中文配音，所以选择中文更好的AI工具TTSMAKER。这款工具可以免费使用，界面如图5-9所示。

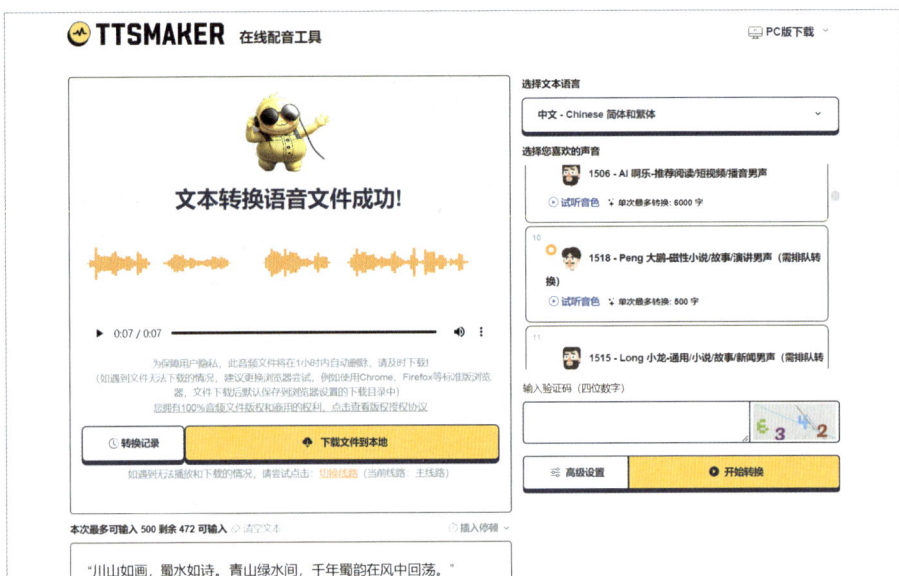

图5-9

02 在右侧列表中可以选择试听AI配音的音色，这里选择的是编号为"1518"的男声音色，如图5-10所示，这个声音适用于宣传片，或者小说的朗读。

03 在文本框中输入文字，如图5-11所示，再按照图片显示的验证码输入数字，单击"开始转换"按钮就可以生成声音了。

图5-10

图5-11

技巧提示 中文的AI配音尽量选择国内的AI工具，而如果是生成外文的配音，可以尝试使用ElevenLabs。

　　除了使用旁白，选择合适的背景音乐，也可以给视频带来更多的情感表达，让观众更能沉浸于视频的内容。在文旅短片制作中，选择使用Udio来为视频添加背景音乐。

01 使用ChatGPT为整体的视频编写一段提示词，如图5-12所示。

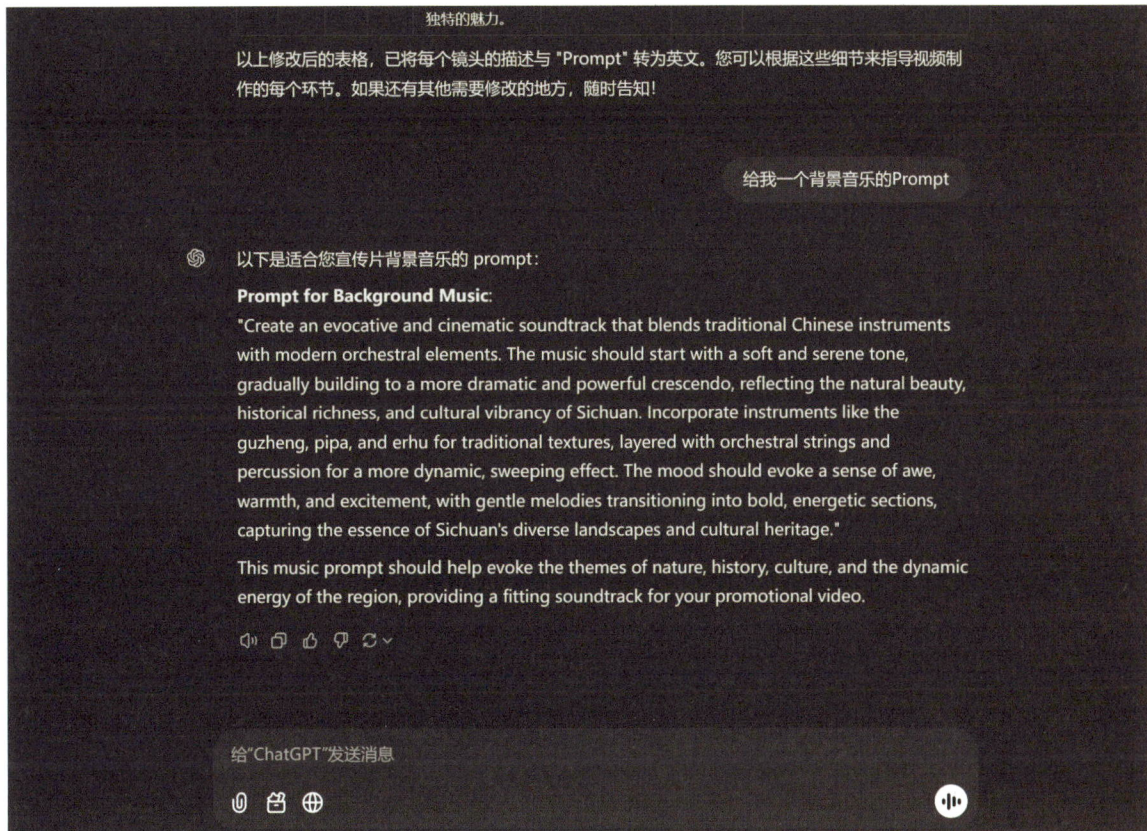

图5-12

02 打开Udio的官方网站，在顶部的提示词文本框中把ChatGPT生成的提示词复制进去，如图5-13所示。单击"Create"按钮，可以得到两条由AI生成的音频，如图5-14所示。

图5-13

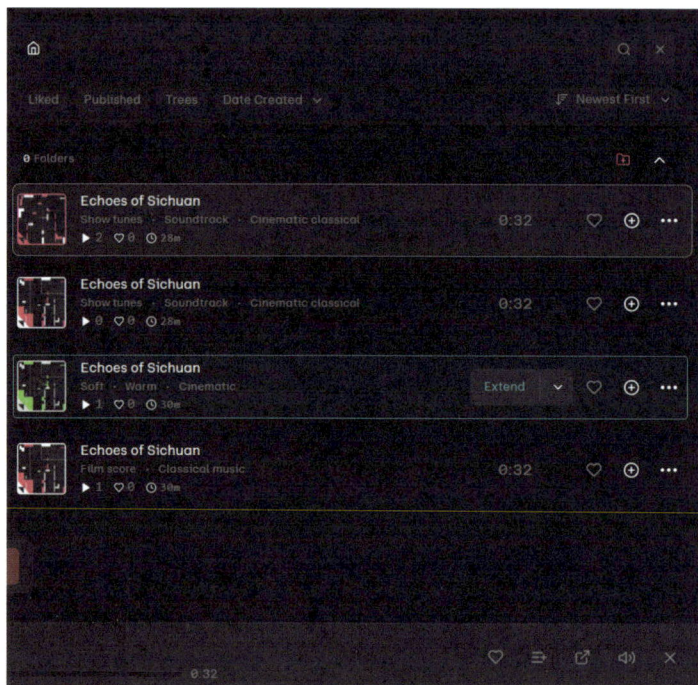

图5-14

03 单击音频对应的播放按钮，可以试听音频内容。Udio可以生成时长30秒左右的纯音乐音频，如图5-15所示。

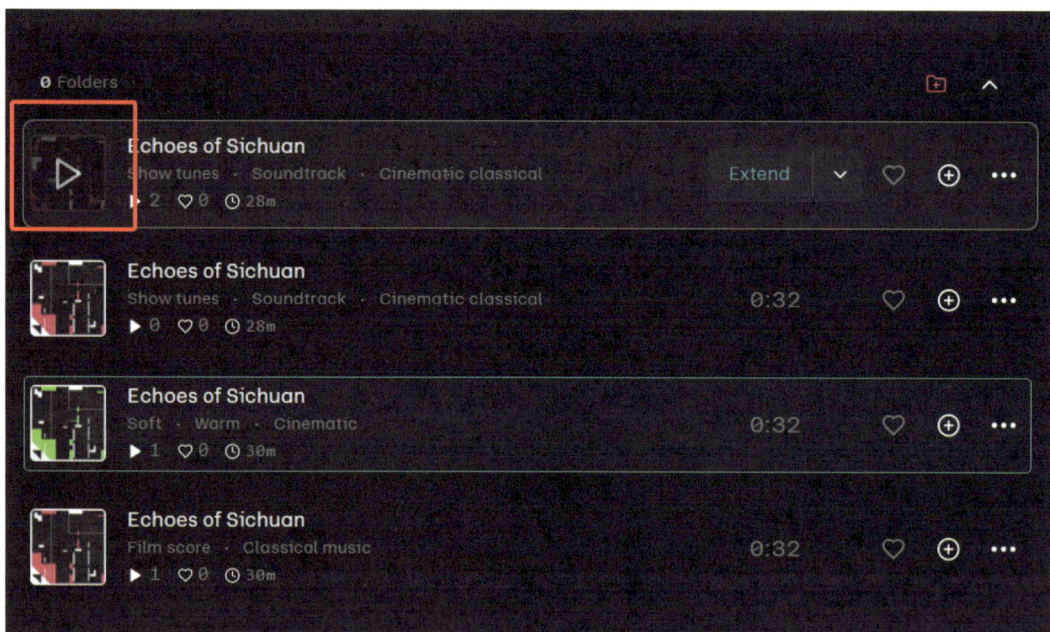

图5-15

5.1.6 剪映合成成片

最终的视频还需要通过剪辑工具进行剪辑收尾工作，这里使用的主要工具是剪映。

01 将所有的素材添加到时间线上，为视频添加转场，如图5-16所示。

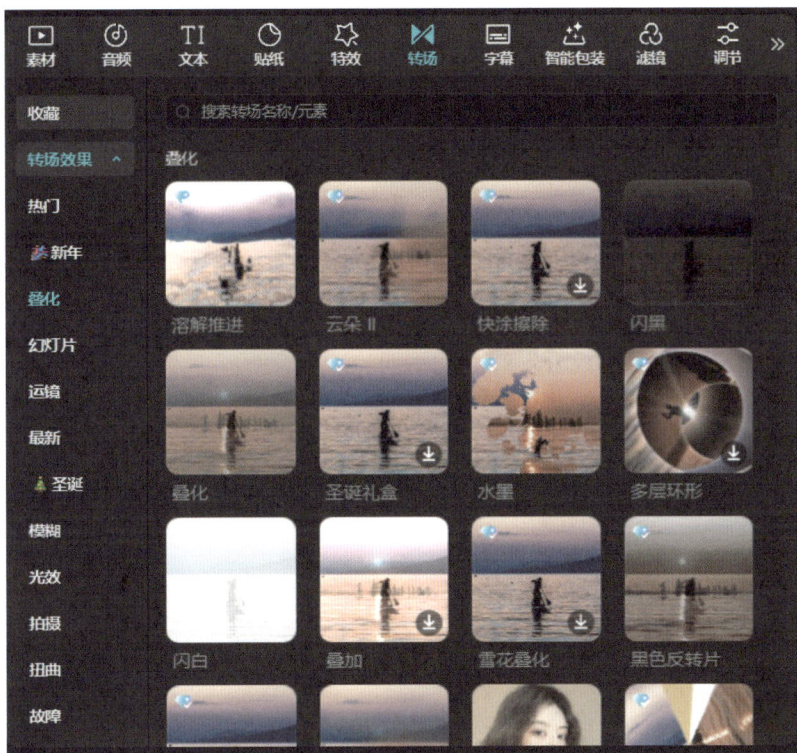

图5-16

02 单击"文本",选择想要的文本样式,输入文本后,可以自行设置字体、颜色、大小等参数,如图5-17所示。

图5-17

技巧提示 到这里，AI文旅短片的完整创作流程，以及影片制作基本上都已经介绍完毕。读者可以多加练习，形成适合自己的工作流。

在互联网上，有很多好玩的AI文旅视频。例如，前段时间讨论量很高的宝可梦在各种景区"打卡"的视频，这样的短片在创作上并不困难，利用的工具主要是谷歌开发的合成图像工具Whisk。

（1）打开Whisk的网站，上传主题、SCENE和样式，如图5-18所示。

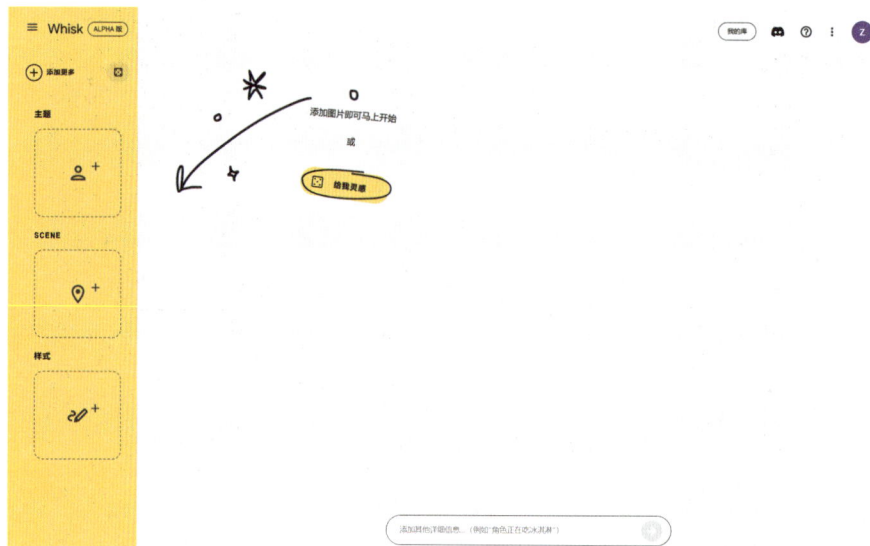

图5-18

（2）输入提示词"巨大的皮卡丘在富士山上"，生成的图片如图5-19和图5-20所示。

图5-19

图5-20

IP（知识产权）与地域景点的巧妙结合能实现双赢。以富士山与宝可梦的联名为例，这种跨界合作不仅可以提升双方的知名度，还能带动周边产品销售和旅游经济，为文旅产业开拓了新的营销模式。

5.2 儿童动态绘本制作

儿童绘本是专为儿童创作的绘本，通过精美插画和简洁文字的融合来讲述故事，承担着儿童阅读启蒙和审美培养的重要使命。它不仅能培养孩子的想象力，还能帮助建立早期的阅读习惯。随着数字技术的发展，传统纸质绘本已经延伸到数字平台，可以通过手机、平板、计算机等设备呈现。绘本的表现形式更加丰富多样，更容易吸引儿童的注意并让他们感兴趣。

AI技术的发展为绘本创作带来新的可能。使用AI工具不仅能生成多样化的插画风格，还能制作动态效果，让传统绘本焕发新的活力。创作者需要根据内容主题，精选合适的AI绘画风格，打造能够吸引儿童、富有艺术感染力的作品。这种智能创作方式正在重塑儿童绘本的表现形式和阅读体验。

接下来将探讨如何运用AI技术制作儿童动态绘本。

5.2.1 使用ChatGPT撰写绘本故事

在绘制绘本之前，需要构思一个有趣且具有教育意义的故事。可以直接使用ChatGPT来完成故事的写作（见图5-21），具体的提示词可以围绕教育主题、人群年龄阶段等方面来向ChatGPT提问。

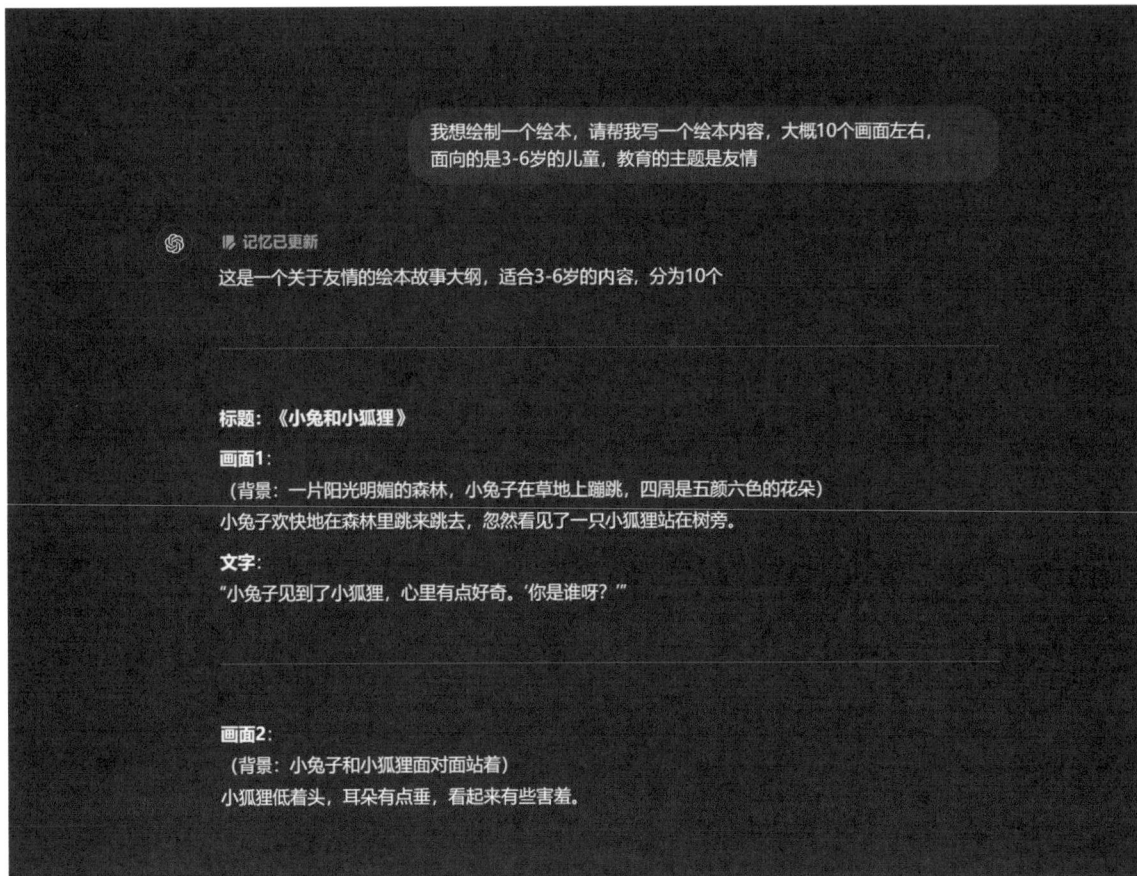

我想绘制一个绘本，请帮我写一个绘本内容，大概10个画面左右，面向的是3-6岁的儿童，教育的主题是友情

记忆已更新

这是一个关于友情的绘本故事大纲，适合3-6岁的内容，分为10个

标题：《小兔和小狐狸》

画面1：

（背景：一片阳光明媚的森林，小兔子在草地上蹦跳，四周是五颜六色的花朵）

小兔子欢快地在森林里跳来跳去，忽然看见了一只小狐狸站在树旁。

文字：

"小兔子见到了小狐狸，心里有点好奇。'你是谁呀？'"

画面2：

（背景：小兔子和小狐狸面对面站着）

小狐狸低着头，耳朵有点垂，看起来有些害羞。

图5-21

如果不满意当前的故事情节，还可以通过反复提问的方法，对绘本内容进行细致的调整，例如，使用ChatGPT深化教育内容，如图5-22所示。

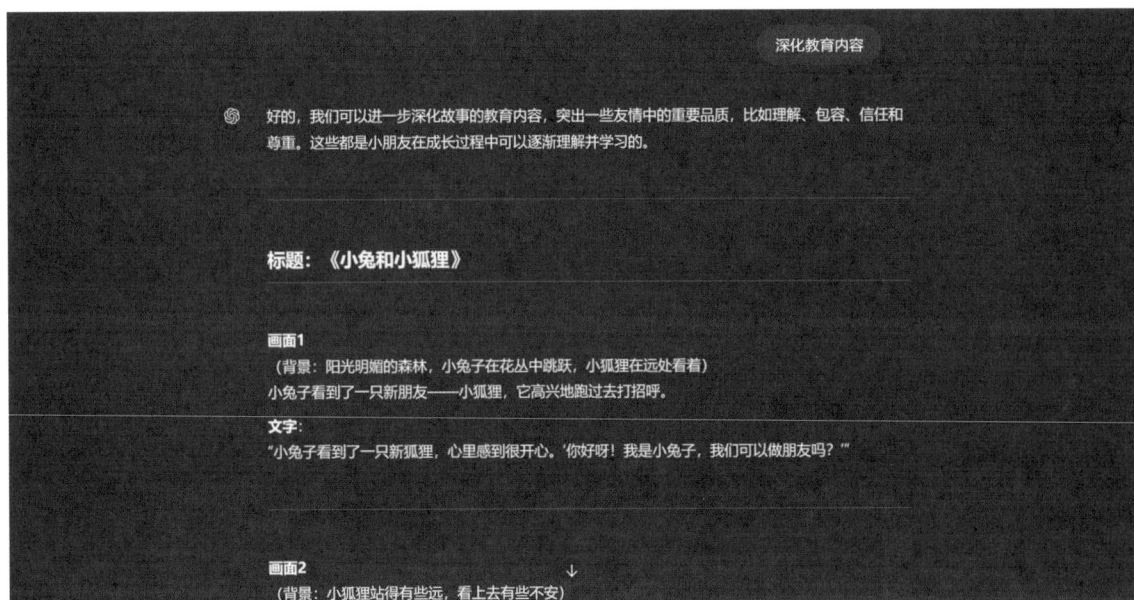

深化教育内容

好的，我们可以进一步深化故事的教育内容，突出一些友情中的重要品质，比如理解、包容、信任和尊重。这些都是小朋友在成长过程中可以逐渐理解并学习的。

标题：《小兔和小狐狸》

画面1

（背景：阳光明媚的森林，小兔子在花丛中跳跃，小狐狸在远处看着）

小兔子看到了一只新朋友——小狐狸，它高兴地跑过去打招呼。

文字：

"小兔子看到了一只新狐狸，心里感到很开心。'你好呀！我是小兔子，我们可以做朋友吗？'"

画面2

（背景：小狐狸站得有些远，看上去有些不安）

图5-22

5.2.2 使用ChatGPT提取分镜脚本提示词

当获取足够且满意的绘本内容后，就可以生成绘本图片了。

打开ChatGPT，输入指令让ChatGPT完成分镜脚本画面，以及画面描述，如图5-23所示。

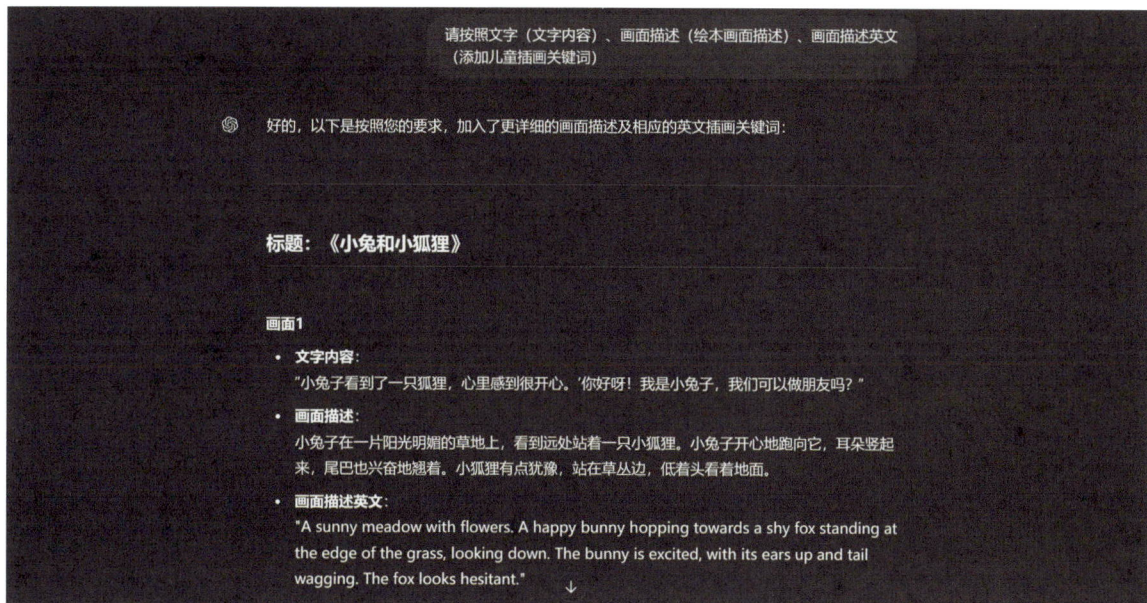

请按照文字（文字内容）、画面描述（绘本画面描述）、画面描述英文（添加儿童插画关键词）

好的，以下是按照您的要求，加入了更详细的画面描述及相应的英文插画关键词：

标题：《小兔和小狐狸》

画面1

- **文字内容：**
  "小兔子看到了一只狐狸，心里感到很开心。'你好呀！我是小兔子，我们可以做朋友吗？'"
- **画面描述：**
  小兔子在一片阳光明媚的草地上，看到远处站着一只小狐狸。小兔子开心地跑向它，耳朵竖起来，尾巴也兴奋地翘着。小狐狸有点犹豫，站在草丛边，低着头看着地面。
- **画面描述英文：**
  "A sunny meadow with flowers. A happy bunny hopping towards a shy fox standing at the edge of the grass, looking down. The bunny is excited, with its ears up and tail wagging. The fox looks hesitant."

图5-23

5.2.3 使用可灵AI制作分镜

生成绘本分镜图时，可以使用可灵AI生成图片的功能。因为该绘本是面向3～6岁的儿童的，所以可以在提示词前面添加"儿童插画"的风格描述。

01 可以把ChatGPT生成的提示词输入可灵AI中生成图片，生成界面和效果如图5-24所示。

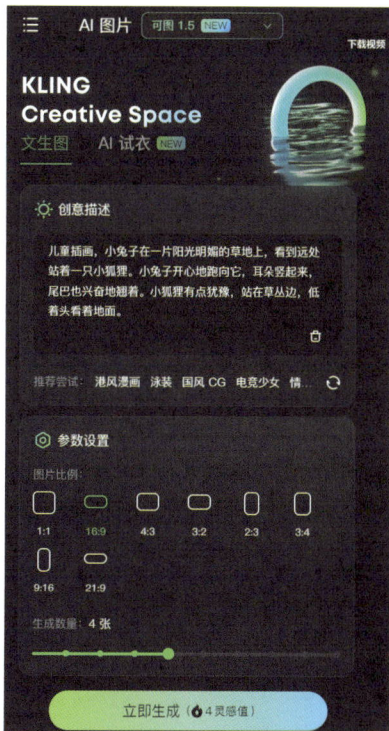

图5-24

图5-24（续）

02 生成合适的绘本分镜画面后，可以把鼠标指针移动到图片上，单击下载按钮进行下载，如图5-25所示。

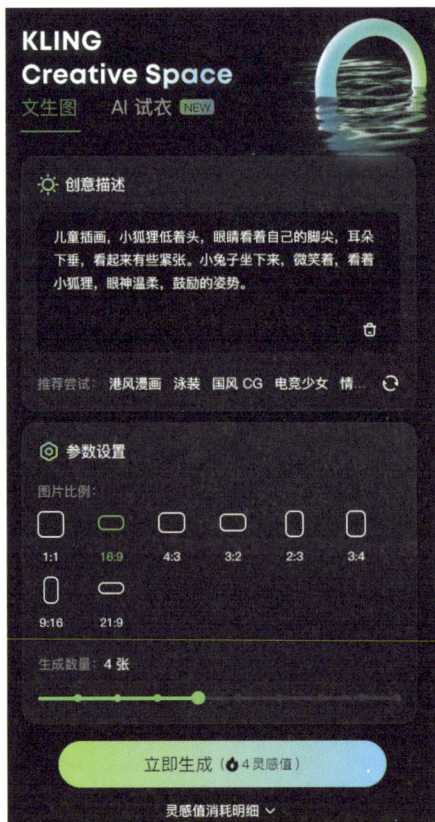

图5-25

图5-25（续）

5.2.4 使用可灵AI制作动态绘本

　　制作动态绘本时，可灵AI能够生成流畅的视频，为创作提供便捷选择。相较于Sora，使用可灵AI同样可以实现高质量的动态内容制作，让绘本故事更生动形象。所以在动态绘本的生成上，笔者建议使用可灵AI。

　　上传挑选的分镜画面，单击"生成视频"按钮，如图5-26所示，就可以进入视频生成的界面了，生成界面和生成结果如图5-27所示。

图5-26

图5-27

技巧提示 Sora和国内模型在图像生成视频方面存在差异,这主要源于底层训练模型的不同。在制作绘本时,建议优先使用可灵AI,其视频生成质量更能满足绘本创作需求,能够呈现更理想的动态效果。

5.2.5 使用剪映生成旁白和剪辑视频

图片和视频都制作完成以后，还需要使用剪映完成动态绘本的剪辑和编辑，以优化故事的视听效果。

01 启动剪辑软件，导入制作好的视频，并按照ChatGPT给出的故事和内容来对绘本进行编辑。在软件的左上角单击"文本"，再单击"花字库"，把合适的花体字拖曳到时间线上。这里选择了一个有卡通树叶效果的字体，然后按照时间线把旁白和对话输入文本框，如图5-28所示。

图5-28

02 如图5-29所示，选中文字后，在界面的右上角，选中"文本朗读"，可以看到AI的配音选项。这里"柔美女友"的声音更加适用于少儿读物，如图5-30所示。

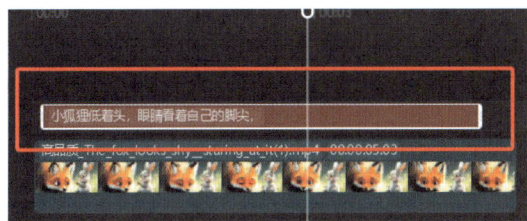

图5-29

图5-30

03 给视频添加转场效果，让视频的衔接更加连贯。单击"转场"，可以看到比较多的转场效果，如图5-31和图5-32所示。

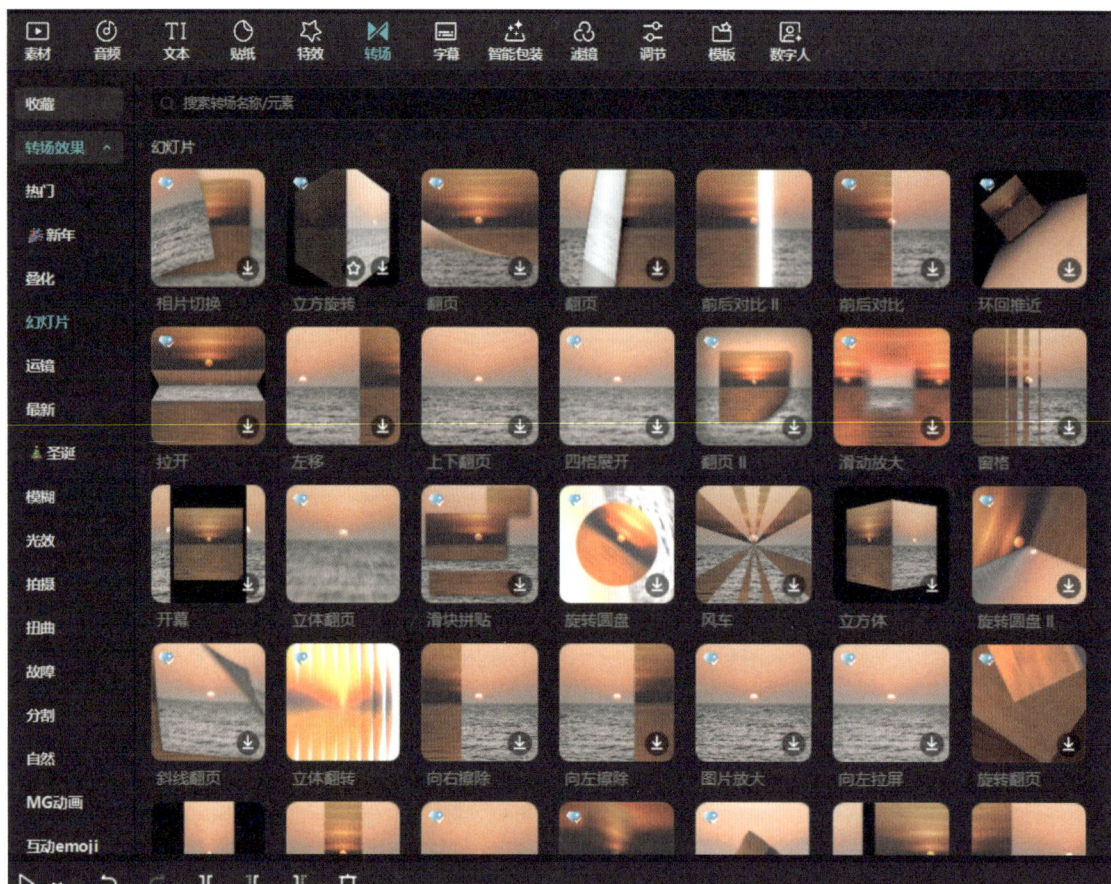

图5-31

图5-32

5.3 微电影创作

AI技术的革新正在大幅降低视频制作的技术门槛和资源投入。通过简单的文本输入，普通用户也能生成品质可观的微电影作品。虽然目前AI生成的视频在画面细节和连贯性上还有优化空间，但基本能满足个人创作者展示创意和讲述故事的需求。AI技术不仅为影视创作带来了更多可能性，也让更多人有机会将创意转化为视觉作品。

5.3.1 使用ChatGPT创作剧本

在剧本创作环节，使用ChatGPT能节省很多创作时间。如果不知道剧情故事应该怎么写，可以直接向ChatGPT提问，让ChatGPT直接创作脚本。在这里，可以尝试采用多轮对话的方式提出需求。

01 向ChatGPT提出创作剧本内容的要求，并获取剧本内容，如图5-33所示。

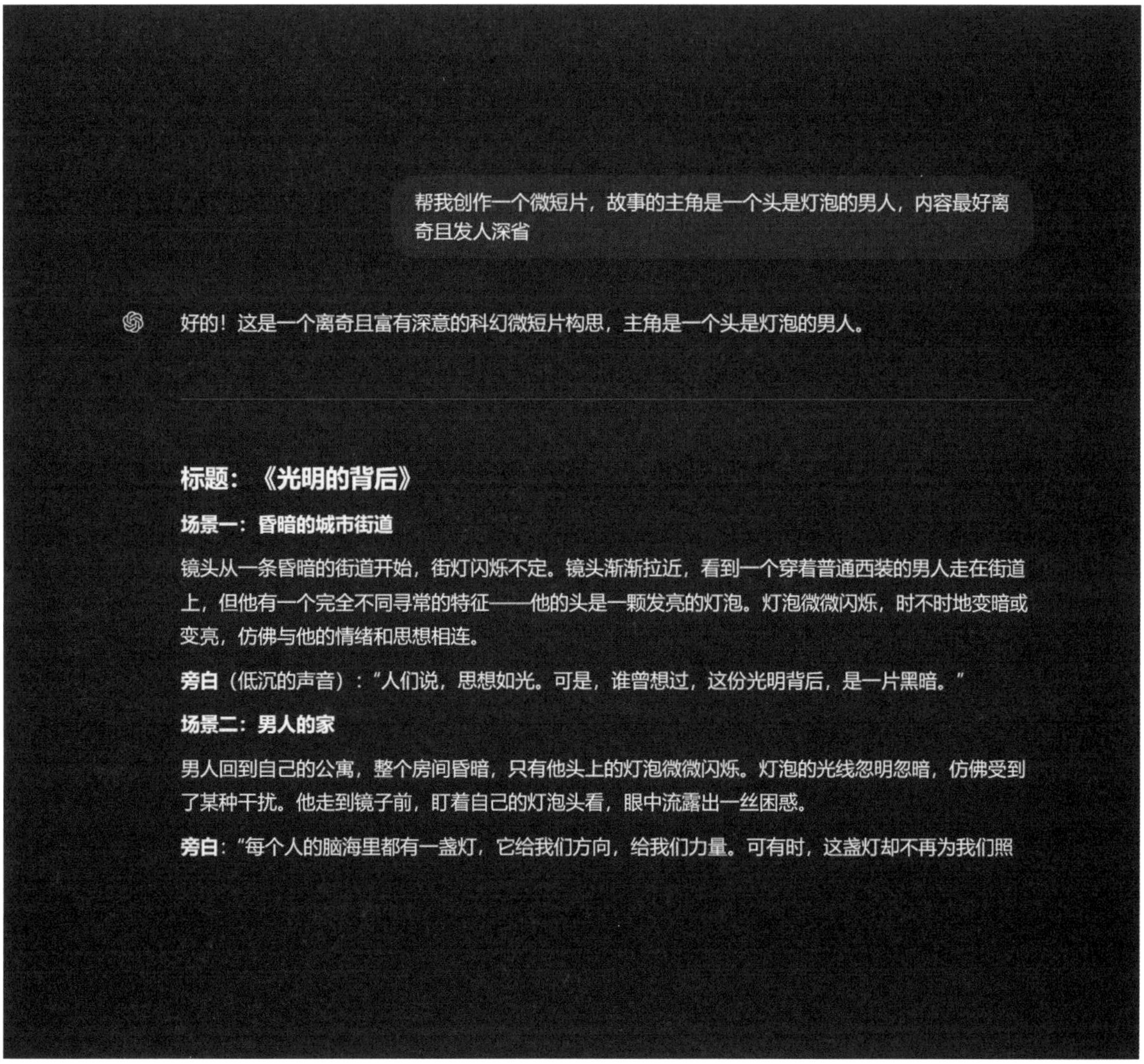

> 帮我创作一个微短片，故事的主角是一个头是灯泡的男人，内容最好离奇且发人深省

好的！这是一个离奇且富有深意的科幻微短片构思，主角是一个头是灯泡的男人。

标题：《光明的背后》

场景一：昏暗的城市街道

镜头从一条昏暗的街道开始，街灯闪烁不定。镜头渐渐拉近，看到一个穿着普通西装的男人走在街道上，但他有一个完全不同寻常的特征——他的头是一颗发亮的灯泡。灯泡微微闪烁，时不时地变暗或变亮，仿佛与他的情绪和思想相连。

旁白（低沉的声音）："人们说，思想如光。可是，谁曾想过，这份光明背后，是一片黑暗。"

场景二：男人的家

男人回到自己的公寓，整个房间昏暗，只有他头上的灯泡微微闪烁。灯泡的光线忽明忽暗，仿佛受到了某种干扰。他走到镜子前，盯着自己的灯泡头看，眼中流露出一丝困惑。

旁白："每个人的脑海里都有一盏灯，它给我们方向，给我们力量。可有时，这盏灯却不再为我们照

图5-33

02 梳理并创作电影脚本，如图5-34所示。（在查看脚本的过程中，如果觉得生成的脚本内容存在问题，可以让ChatGPT反复调整。）

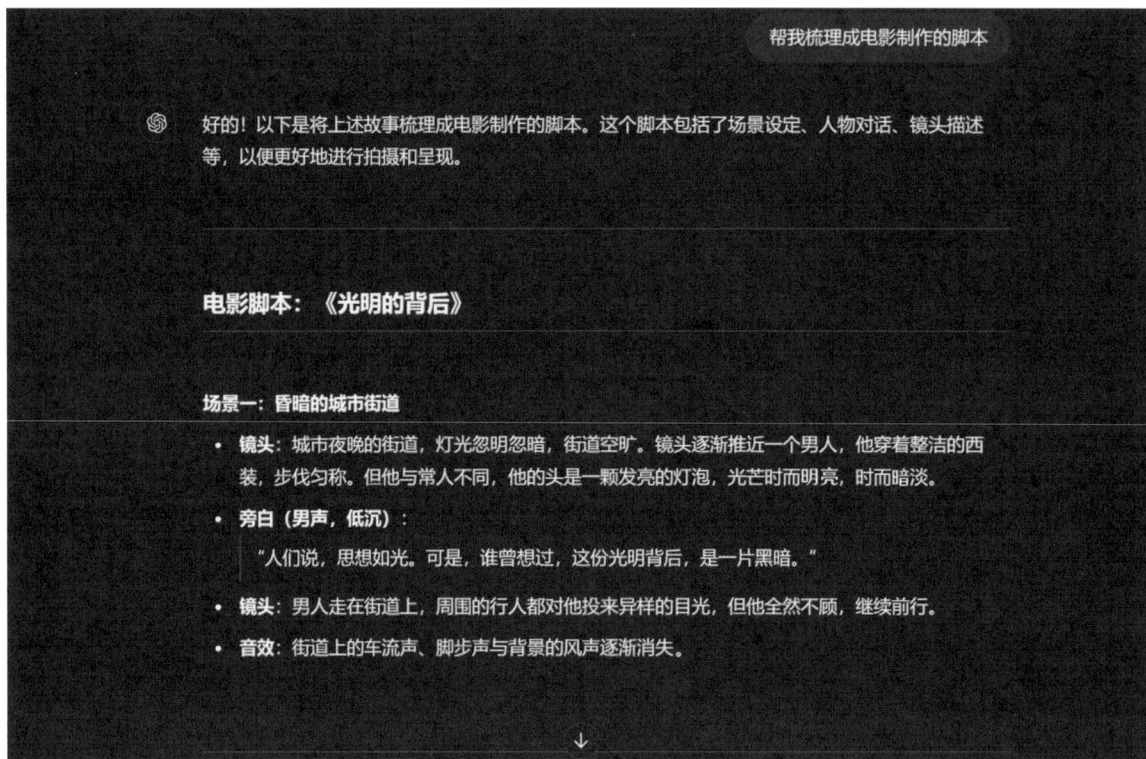

帮我梳理成电影制作的脚本

好的！以下是将上述故事梳理成电影制作的脚本。这个脚本包括了场景设定、人物对话、镜头描述等，以便更好地进行拍摄和呈现。

电影脚本：《光明的背后》

场景一：昏暗的城市街道

- **镜头**：城市夜晚的街道，灯光忽明忽暗，街道空旷。镜头逐渐推近一个男人，他穿着整洁的西装，步伐匀称。但他与常人不同，他的头是一颗发亮的灯泡，光芒时而明亮，时而暗淡。
- **旁白（男声，低沉）**：
  "人们说，思想如光。可是，谁曾想过，这份光明背后，是一片黑暗。"
- **镜头**：男人走在街道上，周围的行人都对他投来异样的目光，但他全然不顾，继续前行。
- **音效**：街道上的车流声、脚步声与背景的风声逐渐消失。

↓

图5-34

03 因为Sora更加适配英文，所以在生成脚本以后还需要把画面和场景单独提取出来改成Sora可以理解的英文提示词，如图5-35所示。

把场景和画面单独拿出来并改成Sora可以理解的英文提示词

好的！以下是将场景和画面单独提取出来，并转化为Sora（AI生成视觉内容工具）可以理解的英文提示词。这样可以帮助Sora更好地生成与故事对应的画面。

Visual Prompts for the Short Film:

The story begins on a **night city street** with **dim, flickering street lights** and a **man in a neat suit**, but with a **light bulb for a head**. His light bulb flickers erratically, sometimes bright, sometimes dim, casting an unsettling glow around him as he walks alone through the street. **People in the crowd** stare at him curiously, but he remains detached, oblivious to their gazes. The city feels cold, isolated, and eerie, with stark contrasts between light and shadow.

In his **dimly lit apartment**, the man gazes into a mirror at his light bulb head, which flickers uncontrollably, becoming painfully bright. As he reaches out to touch it, the bulb flashes intensely, filling the room with blinding light before it suddenly dims and the room falls into complete darkness. The **only remaining light** is from his head, which glows faintly in the shadows, emphasizing his inner turmoil and confusion.

The next day, on the **busy city street**, the man notices a **stranger standing at the edge of the crowd**, also with a light bulb head, but his bulb emits a calm, steady light. Their eyes

图5-35

5.3.2 使用Sora生成创意视频

准备好脚本以后，就可以直接将提示词输入Sora生成视频画面。当然，如果生成的效果没有达到预期，可以适当地多生成几次，如图5-36所示。

图5-36

如果已经生成了一个不错的视频，但是画面的部分内容不符合我们的要求，这个时候就需要使用"Remix"功能来对画面进行编辑。

当前的画面中，头部的灯泡是不亮的，并且多出一个灯泡，这时可以混合一个很亮的头部灯泡来获取需要的画面，如图5-37和图5-38所示。

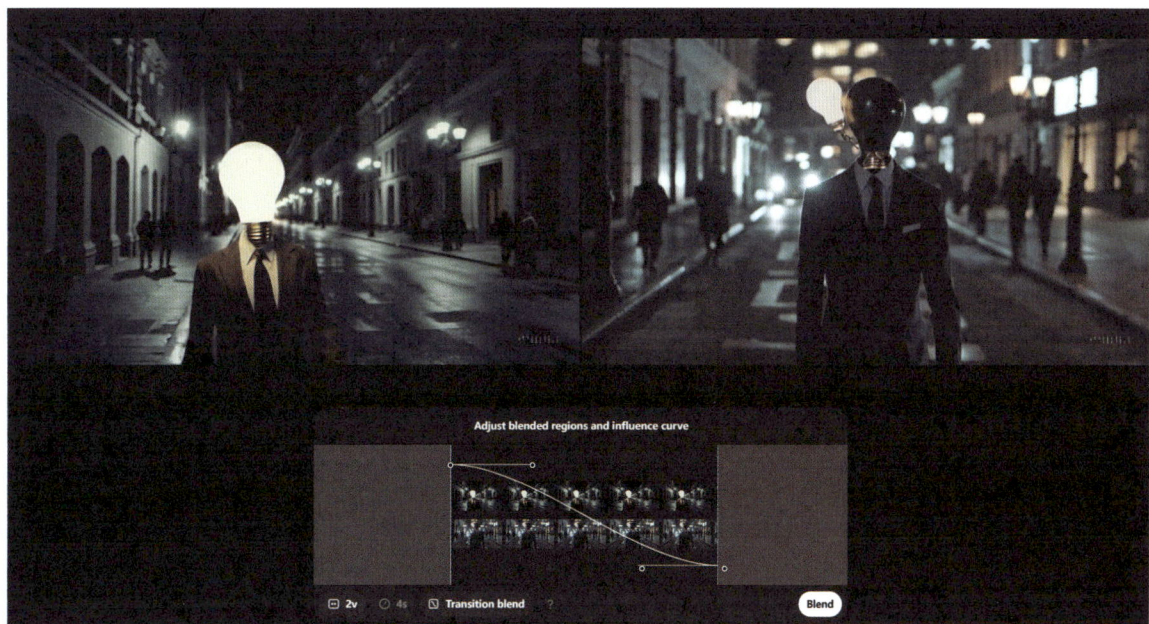

图5-37

图5-38

5.3.3 后期处理

视频生成后，需要使用剪映来进行后期处理。因为视频需要用英文配音，所以这里可以使用ElevenLabs来对视频进行配音。

01 使用ChatGPT直接获取旁白的英文，如图5-39所示，并复制英文内容。

把剧本旁白的中英文对照给出来

好的！以下是剧本中旁白的中英文对照：

Scene 1: Dark City Street

旁白（中文）：
"人们说，思想如光。可是，谁曾想过，这份光明背后，是一片黑暗。"

Narration (English):
"They say that thoughts are like light. But who ever thought that behind this light, there might be darkness?"

Scene 2: The Man's Apartment

旁白（中文）：
"每个人的脑海里，都有一盏灯。它给我们方向，给我们力量。可有时，这盏灯却不再为我们照亮。"

Narration (English):
"Everyone has a light in their mind. It gives us direction, it gives us strength. But sometimes, that light no longer illuminates the way." ↓

图5-39

02 搜索并登录ElevenLabs，在"Text to Speech"文本框中输入旁白的英文，如图5-40所示。

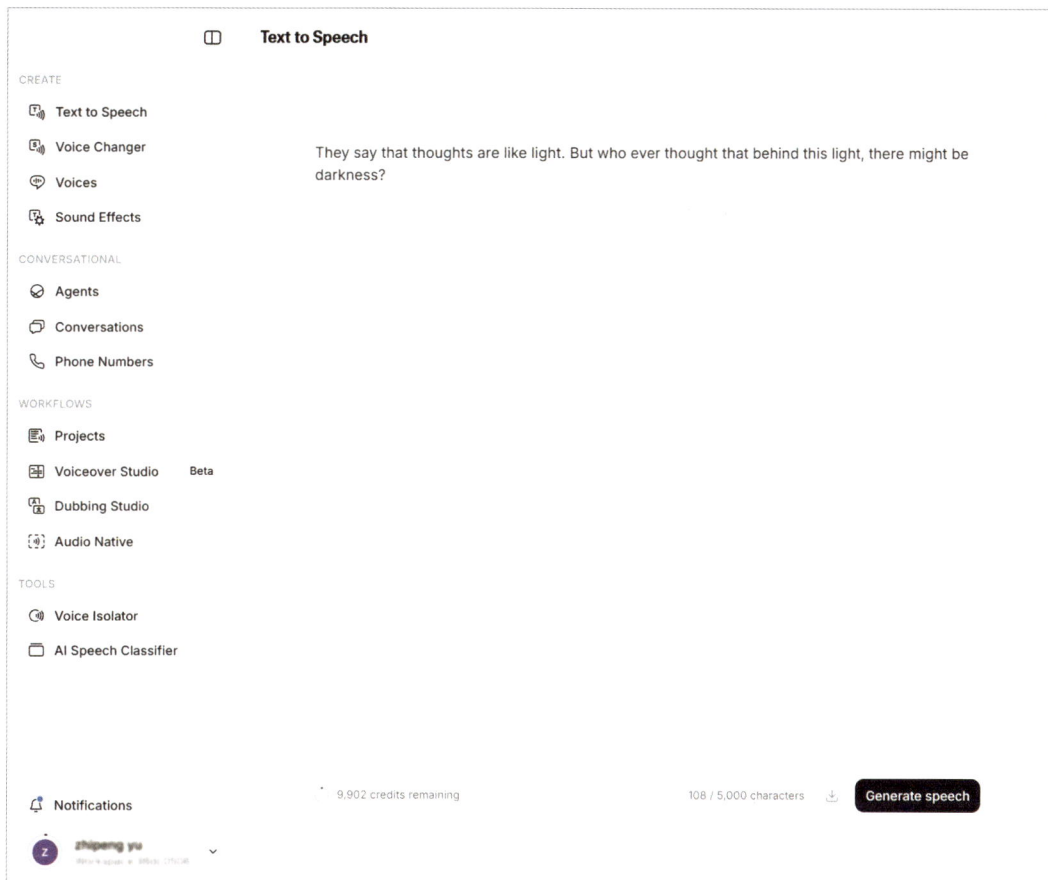

图5-40

03 在右侧的"Voice"中选择合适的声音，声音的种类比较齐全，单击播放可以试听声音效果，如图5-41所示。

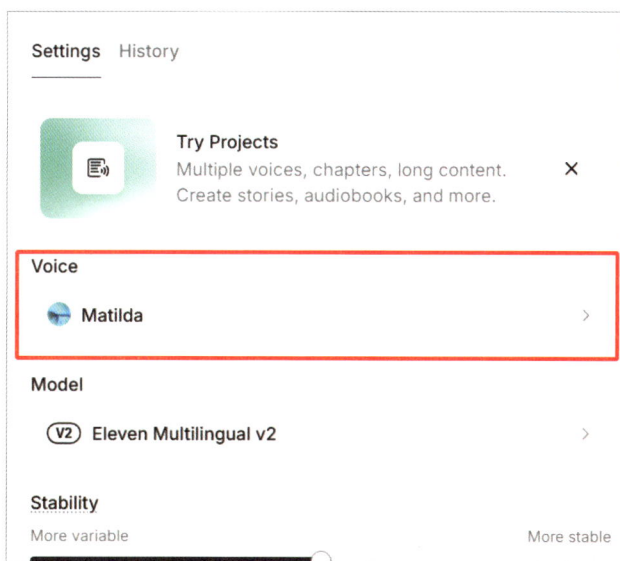

图5-41

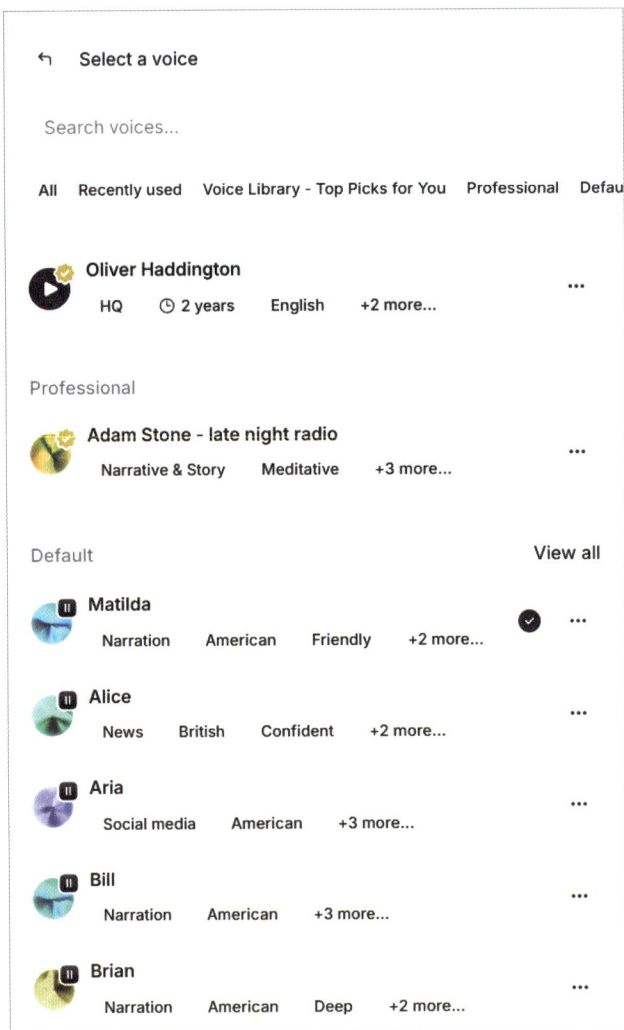

图5-41（续）

04 制作完成以后，可以单击界面下方的下载按钮⬇，如图5-42所示，把配音下载到本地。

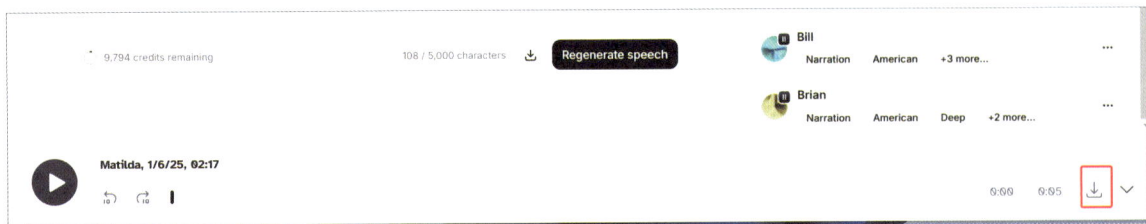

图5-42

05 使用剪映对当前的影片进行剪辑，如图5-43所示。因为剪辑的方式和文旅短片的剪辑方式类似，所以这里不再赘述。

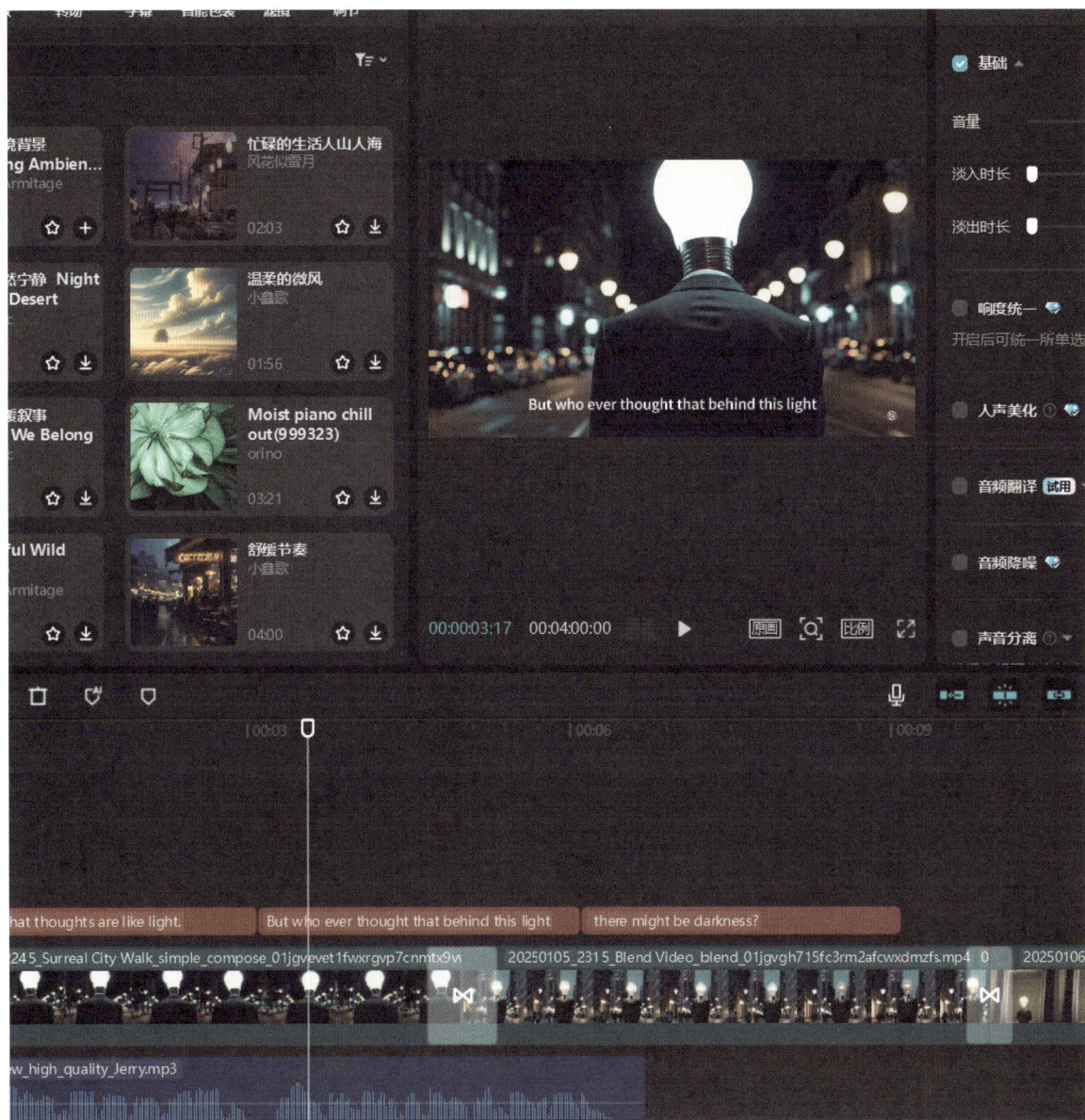

图5-43

5.4 MV制作与自媒体

　　MV（音乐视频）是音乐与画面的融合的艺术形式，通过丰富的表现手法展现不同音乐流派的独特魅力。从古典音乐的优雅庄重到电子音乐的前卫动感，每种风格都需要匹配相应的视觉内容，以准确传递其特有的情感和主题内涵。在数字时代，MV已经发展成为一种独立的艺术形式，不仅承载着音乐作品的情感，更成为音乐产业中不可或缺的商业产品。

AI技术的引入为MV创作带来革命性改变。创作者可以利用AI工具进行音乐创作、视觉内容生成和特效制作，显著降低了制作门槛和成本。在商业应用领域，AI MV创作展现出广阔的前景。首先，它能为不同类型的音乐流派量身定制视觉效果，满足各类音乐人的创作需求。其次，在品牌营销领域，AI可以快速生成符合品牌调性的MV，为企业提供高效的内容营销解决方案。最后，在短视频平台和社交媒体上，AI生成的MV可以实现快速传播和变现。

创作者在使用AI工具时，需要特别注意的是内容的协调性和连贯性，确保生成的视觉内容与音乐的风格、主题和情绪保持一致，通过精心的剪辑和后期处理，打造出具有专业水准的作品。同时，对于包含叙事元素的MV，还需要保证故事情节的逻辑性，让视听语言服务于创作主题，从而为观众带来沉浸式的艺术体验。

随着AI技术的不断进步，MV创作的边界将继续扩展，为音乐产业注入新的活力和创新动力。这个充满想象力的领域，正吸引着越来越多的创作者和投资者参与其中，共同探索MV艺术的美好未来。

5.4.1 使用ChatGPT创作歌词

创作MV的时候要先创作歌词。使用ChatGPT创作歌词时要给出主题和面向的人群。提示词如下。

请帮我创作一首以自由飞翔为主题的歌曲歌词，使用适合年轻人的欢快的节奏，音乐风格为嘻哈、R&B。

生成结果如图5-44所示。

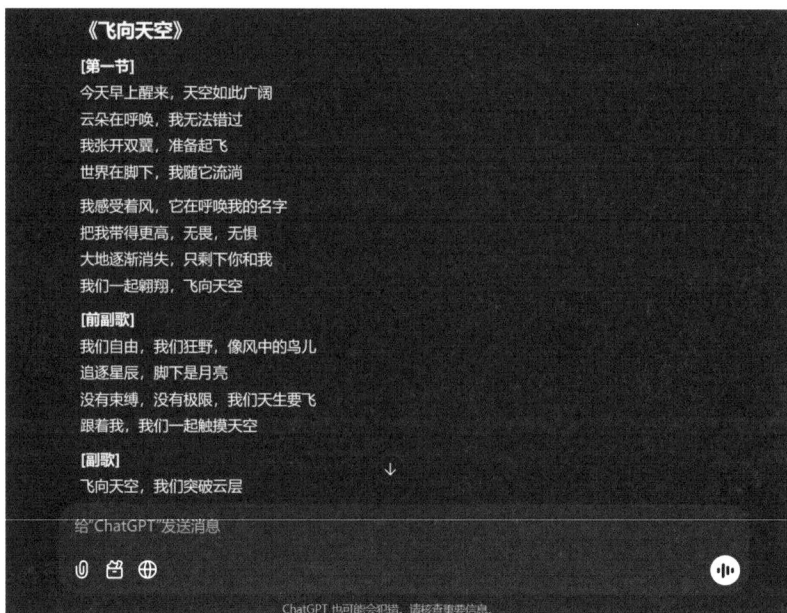

《飞向天空》

[第一节]
今天早上醒来，天空如此广阔
云朵在呼唤，我无法错过
我张开双翼，准备起飞
世界在脚下，我随它流淌

我感受着风，它在呼唤我的名字
把我带得更高，无畏，无惧
大地逐渐消失，只剩下你和我
我们一起翱翔，飞向天空

[前副歌]
我们自由，我们狂野，像风中的鸟儿
追逐星辰，脚下是月亮
没有束缚，没有极限，我们天生要飞
跟着我，我们一起触摸天空

[副歌]
飞向天空，我们突破云层

图5-44

5.4.2 使用Suno AI创作音乐

得到歌词以后，创作音乐时用到的工具是Suno AI，在音乐创作方面，Suno AI表现不同寻常。

01 在创作时可以勾选"Custom"选项，输入歌词，如图5-45所示。

02 在音乐创作风格栏中可以选择标签，也可以输入喜欢的音乐风格，如图5-46所示。

图5-45

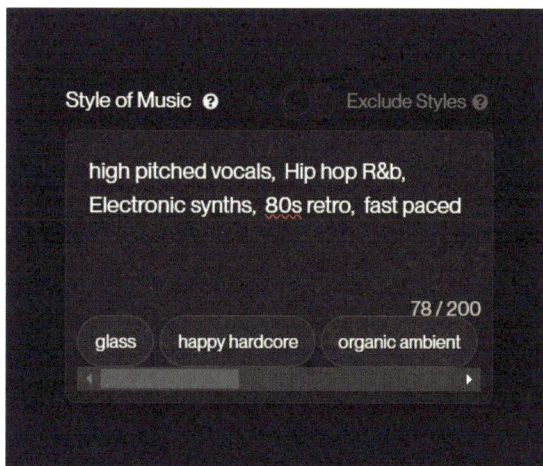

图5-46

03 等待片刻，音乐就生成了，在界面底部可以试听音乐效果，如图5-47所示。

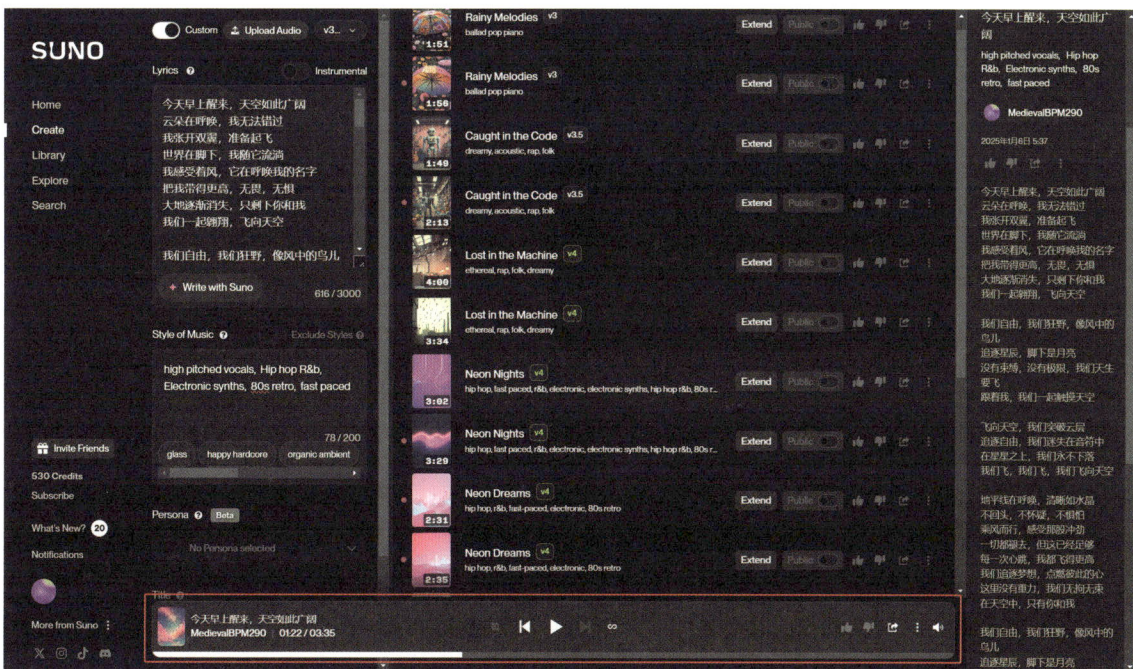

图5-47

5.4.3 使用WHEE制作分镜

WHEE是美图公司推出的一款基于AI的创作工具，它支持文本生成图片和图片生成图片，允许用户输入提示词或上传照片，并进行个性化风格训练。WHEE还提供创作词库、局部修改与扩展功能，以及灵感模块，汇集优秀作品以激发创意。用户可以通过免费版获得一定的生成次数，或选择付费的会员服务获取更多功能，这款工具适合设计师、内容创作者和业余爱好者使用。下面就介绍利用WHEE制作MV分镜的方法。

01 进入WHEE的网站，单击"文生图"（见图5-48）进入图像生成界面。

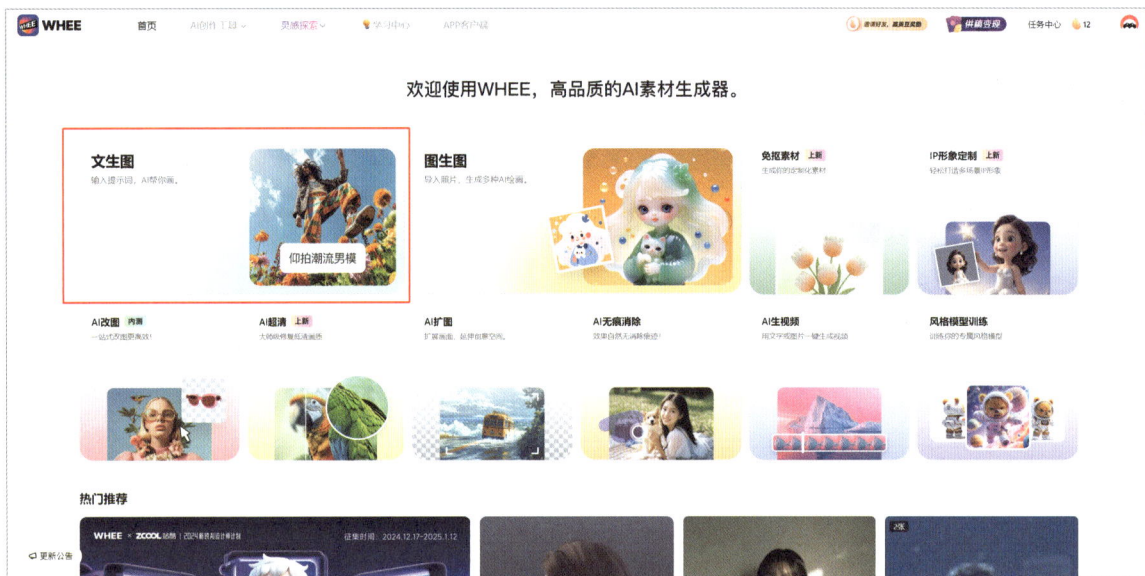

图5-48

02 选择"高级创作"选项卡，如图5-49所示，单击"添加风格模型"按钮，在弹出的对话框中选择使用"镀铬"风格，如图5-50所示。

图5-49

生图模型

MiracleVision 4.0
懂美学的AI视觉大模型 >

☑ 使用推荐参数

风格模型

添加风格模型

画面参考

参考 1   参考 2   参考 3

参考类型

选择参考模型 >

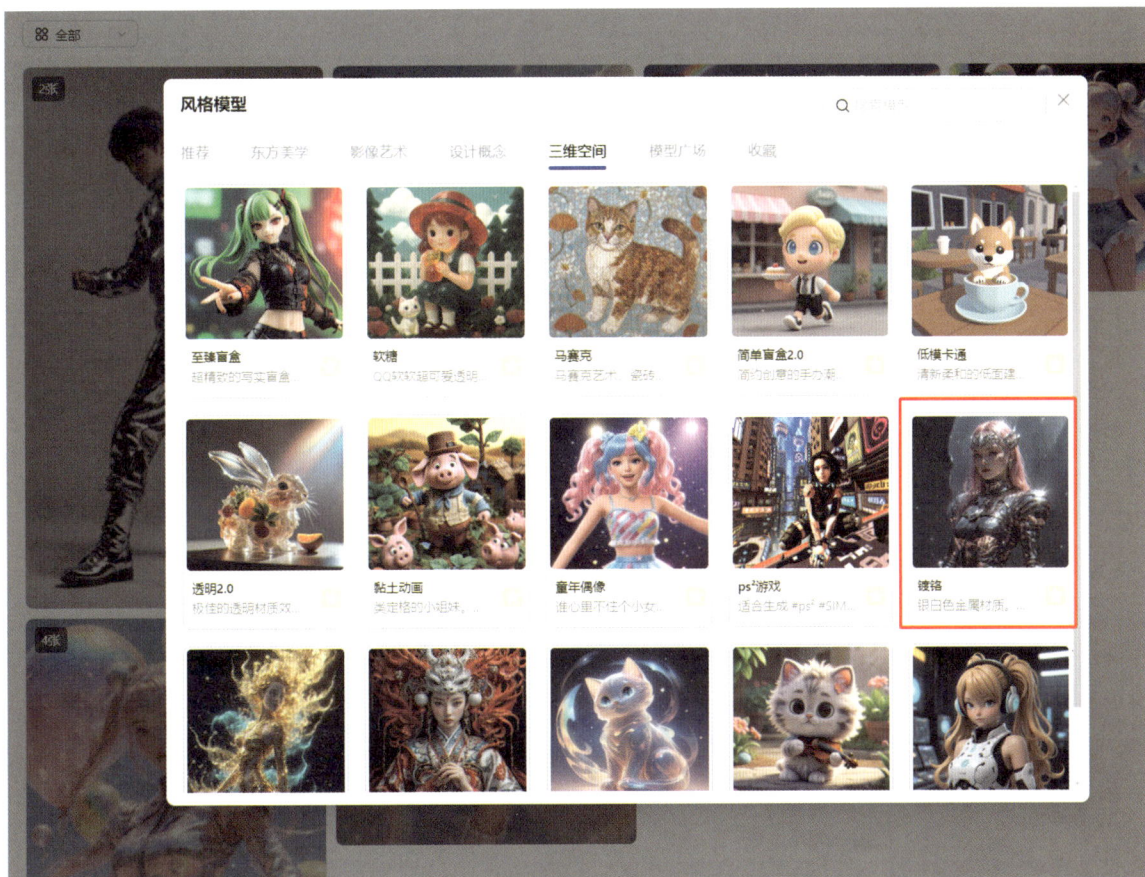

图5-50

03 添加内容提示词"一个男生在跳舞，全身"，以及风格提示词"y2k美学"，在参数设定区修改画面比例，单击"立即生成"按钮就可以生成MV的分镜了，如图5-51所示。

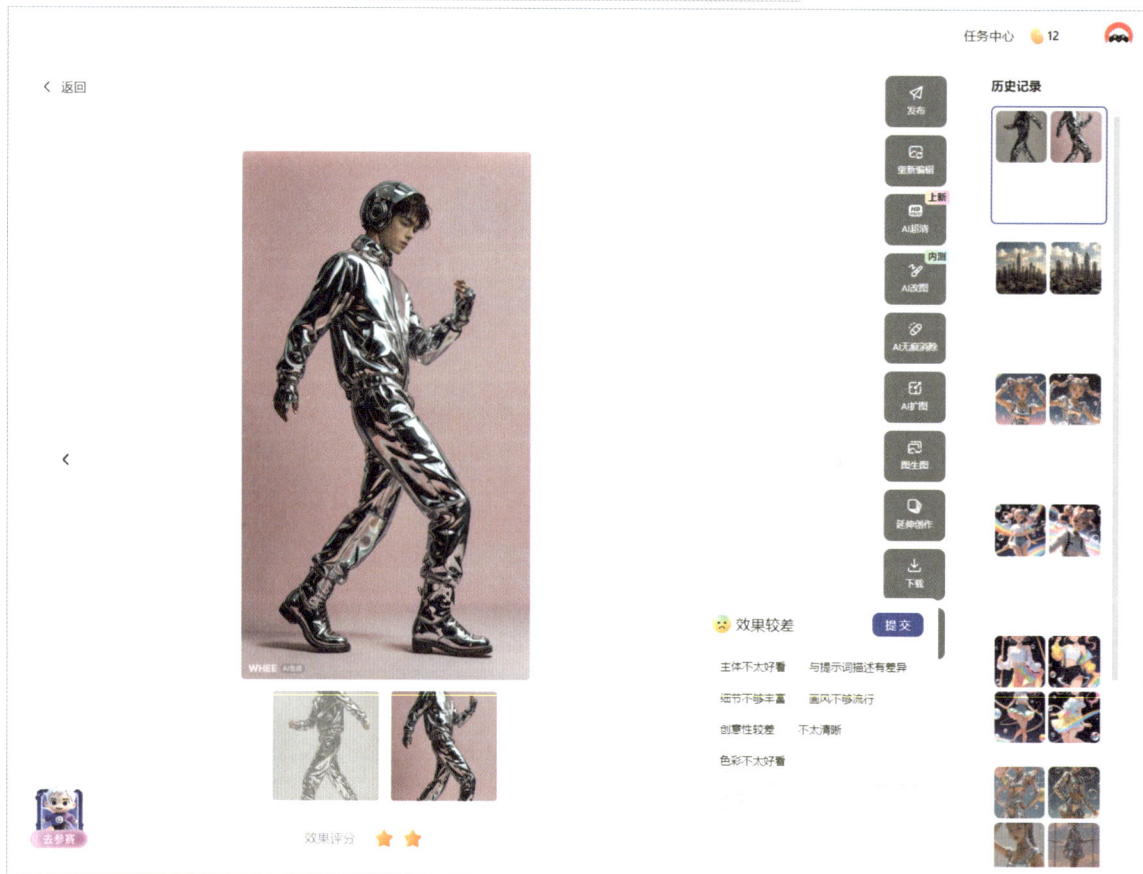

图5-51

5.4.4 使用可灵AI和Sora共同打造MV画面

MV画面生成的具体思路是，先使用可灵AI生成的视频片段，接着使用Sora优化视频素材。

01 把创作好的分镜导入可灵AI中，生成视频片段，如图5-52所示。

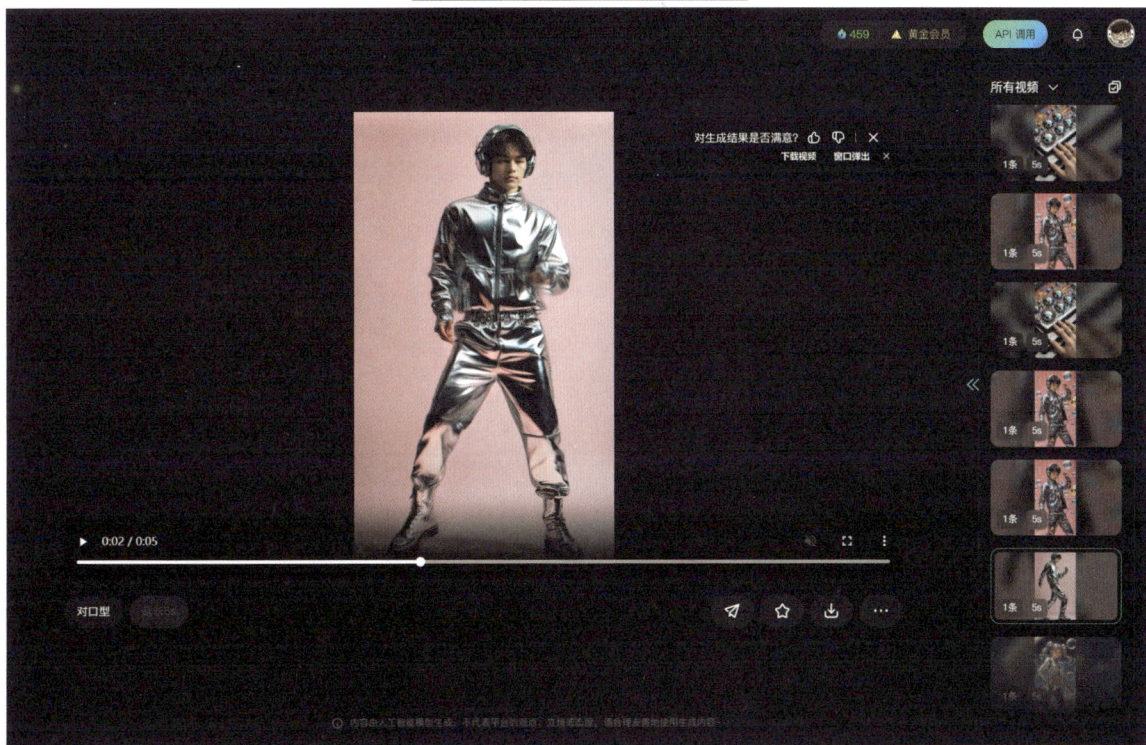

图5-52

02 将视频导入Sora，单击"Loop"按钮 创作循环视频，如图5-53所示。这样可以处理视频开头的卡顿问题，也能保证视频片段的时长符合要求。

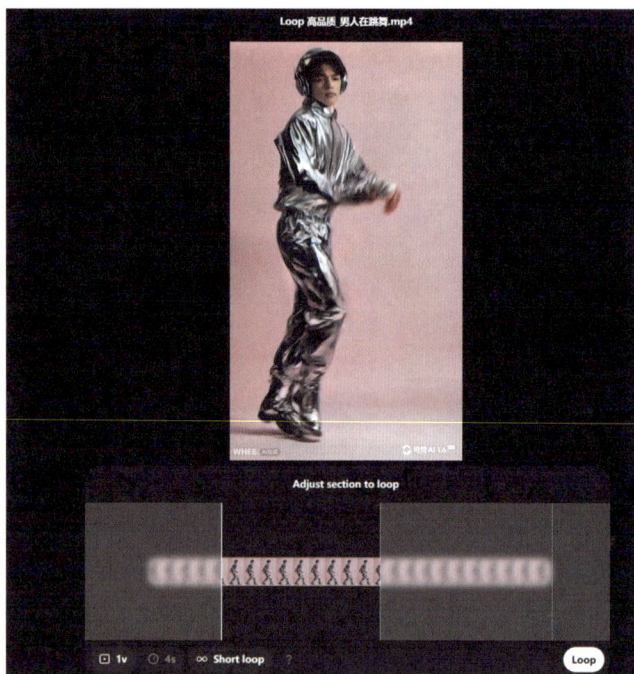

图5-53

5.4.5 使用剪映添加音乐动态字幕

01 在MV中添加文字。这里为了搭配画面选择带有发光效果的粉色花字，如图5-54所示。

图5-54

02 在文字上添加入场效果，可以更好地适配MV的动感效果。选中文字后单击右上角的"动画"选项卡，为文字添加动态效果，如图5-55所示。

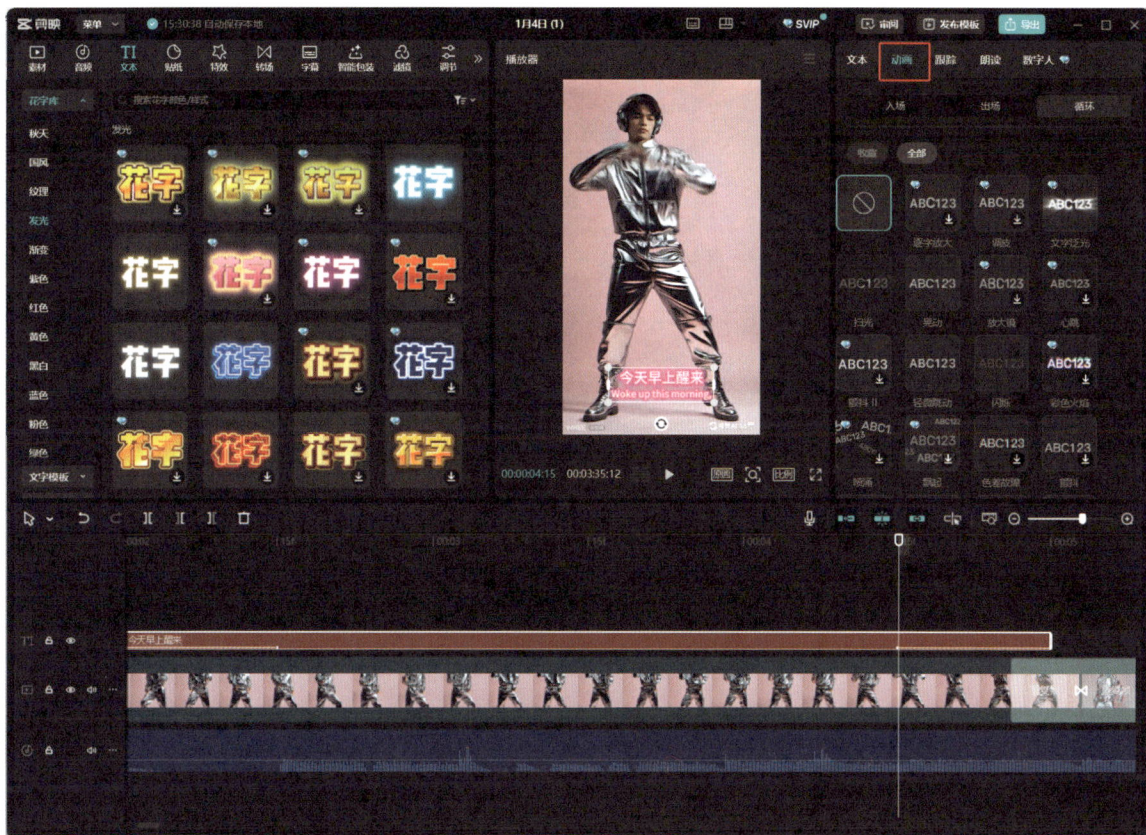

图5-55

技巧提示 视频制作完成以后，就可以发布到抖音或者其他音乐类平台，获取关注或者赚取收益。